2021 年畜禽新品种配套系和畜禽遗传资源

全国畜牧总站　组编

中国农业出版社

北　京

编　写　人　员

主　编　时建忠　刘长春

副主编　陆　健　薛　明

编　者　时建忠　刘长春　于福清　陆　健

　　　　薛　明　韩　旭　程文强

目　录

第一篇 畜禽新品种配套系

辽丹黑猪新品种

扫码看品种图

证 书 号：农 01 新品种证字第 31 号

培育单位：丹东市农业农村发展服务中心

丹东市畜禽遗传资源保存利用中心

辽丹黑猪是辽宁省丹东市农业农村发展服务中心及其分支机构丹东市畜禽遗传资源保存利用中心会同辽宁省现代农业生产基地建设工程中心、沈阳农业大学、河北农业大学等单位，以辽宁省的地方保护品种辽宁黑猪为母本、国外品种杜洛克猪为父本，经过杂交创新、横交固定、持续选育和产业开发，历经9个世代、20余年系统培育而成的抗病性强、繁殖力高、生长速度快、肉质好、遗传性能稳定的黑色瘦肉型生猪新品种。

一、培育背景

1985年以后，辽宁省生猪品种结构发生明显变化，在发展二元杂交猪的基础上，重点发展三元杂交猪，主要以长白猪、大约克夏猪、杜洛克猪等国外引入的种猪为主。从国外引入的猪种虽有生长速度快、胴体瘦肉率高、饲料转化效率高的优点，但对中国养殖环境的适应力不好，表现为抗逆性差、繁殖力低、死亡率高。随着生猪改良进程的加快，杂交猪数量越来越多，本地品种猪越来越少，人们对猪肉日益增长的数量需求得到基本满足后，对肌内脂肪含量较高的传统、特色猪肉需求越来越强烈。从1998年开始，丹东市种畜场利用辽宁省的地方保护品种辽宁黑猪为母本、国外品种杜洛克猪为父本，充分利用辽宁黑猪适应性强、繁殖率高、肉质好、口感好等优点，以及杜洛克猪生长速度快、瘦肉率高等优点开展了生猪新品种的培育。

二、外貌特征

辽丹黑猪全身被毛纯黑色。肤色全黑，鼻镜黑色。体型较大，体质结实，结构匀称，肌肉丰满，体躯呈矩形，肉用特征明显。颈肩结合良好，背腰微弓且宽，中躯较长，腿臀较丰满，腹较大但不下垂。头大小适中，公猪头颈较粗，母猪头颅清秀；额较宽，面微凹，嘴平直，粗细适中，中等长。耳前倾，中等偏大，耳壳厚软，耳端钝圆。四肢粗壮结实，长短适中；蹄质结实，系部直立，蹄缝紧密。成年母猪乳房较发达、附着良好，乳头数7～8对，乳头大小适中、间距匀称。成年公猪睾丸发育良好。

三、生产性能

辽丹黑猪成年公猪体重220.50kg，体长158.25cm，体高86.88cm，胸围138.75cm；成年母猪体重235.26kg，体长154.37cm，体高84.30cm，胸围145.37cm。

辽丹黑猪母猪166.24日龄达初情期，207.30日龄初次配种，断奶至发情间隔4.43d，发情周期20.93d；公猪150.25日龄达初情期，173.96日龄开始配种。初产母猪总产仔数12.10头/窝，产活仔数11.36头/窝，初生窝重16.70kg，21日龄窝重64.27kg，断奶育成数10.82头/窝；经产母猪总产仔数12.50头/窝，产活仔数12.00头/窝，初生窝重18.35kg，21日龄窝重66.60kg，断奶育成数11.40头/窝。

辽丹黑猪达25～90kg体重日增重771.80g，161.30日龄达90kg体重，171.60日龄达100kg体重，料重比2.75:1，达90kg体重活体背膘厚17.90mm。

辽丹黑猪宰前活重114.10kg时，胴体重84.30kg，屠宰率73.90%，胴体长98.90cm，平均膘厚17.90mm，眼肌面积44.42cm^2，腿臀比例33.30%，瘦肉率64.30%，嫩度57.50N/cm，肌内脂肪3.28%，肌肉中氨基酸总量18.17～22.63g（以100g计），必需氨基酸占33.01%～37.75%，鲜味氨基酸占75.12%～77.27%。该品种是生产优质高档猪肉的理想品种，具有良好的市场前景。

经测定，辽丹黑猪前肩肉纹理清晰，大理石纹丰富，色泽鲜艳，弹性良好；眼肌切块饱满、大理石纹适度、清晰，颜色为琥珀红；大排切块，里脊饱满，大理石纹适度，与背膘对仗红白分明，眼肌面积与胴体匹配得当；五花肉三红三白一皮，层次分明；股四头肌纤维细嫩适度，系水力良好，色泽紫红，有轻度水晶感，无彩虹，造型良好；股二头肌系水力良好，大理石纹适度丰富，符合优质肉标准。

四、主要创新点

1. 抗病力强 辽丹黑猪主要疫病免疫应答水平较高。选取辽丹黑猪与长白猪、大白猪注射猪瘟弱毒疫苗、高致病性蓝耳病活疫苗和口蹄疫灭活疫苗，经丹东市动物疫病预防控制中心监测，猪瘟在首次免疫 3 周后的抗体高于长白猪和大白猪，蓝耳病在免疫后各时段的抗体水平也略高于长白猪和大白猪，口蹄疫的抗体水平显著高于长白猪和大白猪。可见，辽丹黑猪对疫苗的免疫应答反应很强，三种疾病抗体免疫水平高于长白猪和大白猪，尤其是口蹄疫抗体水平；且抗体消退慢，高水平维持时间长于长白猪和大白猪。

2. 抗应激能力强 选取三产辽丹黑猪与长白猪进行抗寒、耐热性能对比试验，在 15℃时，辽丹黑猪与长白猪呼吸频率比较接近，低温时辽丹黑猪后备猪呼吸频率高于长白猪后备猪，高温时则低于长白猪。在 15℃时，辽丹黑猪与长白猪体温趋于一致，当气温降低和升高时，长白猪体温降低和升高幅度都大于辽丹黑猪。说明在体温调节能力上辽丹黑猪好于长白猪，辽丹黑猪能保证正常的生理代谢。

3. 耐粗饲 辽丹黑猪经产母猪在饲喂日粮消化能、粗蛋白等营养指标基本相同的情况下，粗纤维比例分别为 5%、8%、11% 时，其组间总产仔数、产活仔数等性状无显著差异（$P > 0.05$），说明辽丹黑猪在较低日粮营养水平的条件下，母猪的繁殖性能基本不受影响，生产母猪耐粗饲。

五、成果推广

辽丹黑猪推广采取"科研院所+高校+育种场+扩繁场+示范基地+加工企业"的全产业链模式，一是制订辽丹黑猪推广与开发方案，通过各级畜牧技术推广机构推广新品种，同时开展科技咨询与技术服务；二是通过微信公众号、电视、广播、报纸、网站、社交平台等媒体，以及新品种推介、消费宣传、节日庆典、展览展示等活动推介辽丹黑猪；三是通过建立繁育场，辐射带动周边地区的散户饲养；四是依托农产品加工企业开展辽丹黑猪肉类产品系列化精深加工；五是通过与京东、盒马鲜生等大型商超、大流量电商，以及新零售业态建立战略伙伴关系，注册"新丹""田地沟""特黑特""猪八千""山林"商标等措施，快速扩张市场，做大做强辽丹黑猪产业，现辽丹黑猪产品已覆盖消费水平较高的 30 多个城市，完成了全国市场布局。通过创新推广模式，辽丹黑猪种群规模持续扩大，存、出栏量大幅度提升。截至 2021 年，辽丹黑猪核心育种群和繁育群存栏公猪 87 头，母猪 2 090 头，累计推广辽丹黑猪原种猪 25.91 万头，累计出栏商品猪 633.63 万头，总经济效益 41.02 亿元，取得了显著的经济、社会、生态效益。

川乡黑猪新品种

扫码看品种图

证 书 号：农 01 新品种证字第 32 号

培育单位：四川省畜牧科学研究院

川乡黑猪是四川省畜牧科学研究院培育的我国首个以地方品种为父本的新品种，其改变了商品猪生产中外种猪作为父本的垄断局面，作为终端父本生产含地方猪血缘的三杂商品猪，解决了优质黑猪生产中毛色分离的技术难题，破解了长期困扰我国地方猪种不能大面积推广利用的技术瓶颈，还可作为终端父本与外种猪杂交，显著改良商品猪肉质性能。川乡黑猪新品种采用级进杂交的方式，经过多个世代的选育而成，其遗传性能稳定，特色突出。

一、培育背景

我国猪种资源丰富，具有肉嫩味香的优点，但普遍存在生长缓慢、瘦肉率低、繁殖力中等偏下等不足，不能适应高效养猪生产的发展需要和日趋庞大的优质猪肉市场需求。为了提高其生产性能，均与高效父本品种进行杂交，而我国没有自主知识产权的优质高效父本品种，目前用于优质猪生产的父本品种普遍采用引进猪种杜洛克猪和巴克夏猪，这些引进猪种在与我国地方猪进行杂交利用时会有明显的毛色分离现象，严重影响优质猪的商业价值。种业安全是关乎养猪业可持续发展的根本保障，目前我国生猪产业过度依赖"杜长大"的生产模式，严重影响国家种业安全，同时肉质严重下降，口感变差，不能满足人们对优质猪肉日益增长的需求。为了打破我国无自主知识产权父本新品种的格局，促进引进品种中国化，加速地方猪的开发利用，解决优质猪生产过程中的毛色分离问题及优质猪肉市场的供需矛盾，培育具有中国特色的父本新品种，保障生猪产业持续健康发展迫在眉睫。

为此，四川省畜牧科学研究院于2009年提出了培育优质高效黑色父本新品种这一构想。通过12年的科技攻关，按照总体设计要求，圆满完成了各项育种目标，育成了突破性优质高效黑色父本新品种——川乡黑猪。

二、外貌特征特性

川乡黑猪全身被毛黑色，头大小适中，嘴中等长而直，耳中等大小、前倾，背腰平直，腰荐结合良好，体躯长而深广，腿臀发达，四肢强健，乳头6对以上。

三、生产性能

川乡黑猪相较于杜洛克猪作为父本生产的商品猪生产效率相同，但肉质更优。通过0～6世代选育，初产仔数9.40头/窝、经产仔数10.21头/窝。经农业农村部种猪质量监督检验测试中心（重庆）检测，165.70日龄达100kg体重，料重比为2.58∶1，活体背膘厚10.69mm，屠宰率73.31%，瘦肉率63.43%，眼肌面积42.57cm^2，肌内脂肪含量3.52%。

四、主要创新点

1. 育成了优质高效黑色父本新品种

川乡黑猪新品种是利用我国特有的珍贵遗传资源藏猪和引进猪种杜洛克猪作为育种素材，采用BLUP法与分子标记辅助选择相结合的现代育种技术育成的优质高效黑色父本新品种，其被毛黑色，肉质优良，生产效率高，填补了我国无自主知识产权父本新品种的空白。并完全可替代杜洛克猪作为终端父本。

2. 解决了优质黑猪生产中毛色分离的技术难题

采用Snapshot技术鉴定到与毛色有因果关系的SNP位点，并对川乡黑猪的毛色进行分子标记辅助选择，剔除了群体中非黑色隐性基因，加快了黑毛基因型的纯合，实现了毛色性状定向、精准选育，解决了优质黑猪生产中毛色分离的技术难题，有效提高了商品猪毛色一致性。

五、成果推广

　　川乡黑猪是四川省畜牧科学研究院培育的具有完全自主知识产权的父本新品种，被毛黑色，肉质优良，生产效率高。用作父本可与我国的地方猪种杂交生产优质商品猪，满足人们对优质美味猪肉消费的需求；也可作为终端父本与外种猪杂交，有效改良商品猪的肉质性能，适宜于全国范围内推广应用，目前已在多个省市进行推广应用。

　　随着人们生活水平的不断提高和我国生猪产业供给侧结构性改革的需要，市场对优质猪的需求量将越来越大。据测算，未来 5 年，优质猪肉的市场需求将达 30％以上，仅生产优质猪就需要 10 万余头父本公猪。因此，川乡黑猪的市场应用前景十分广阔。

硒都黑猪新品种

扫码看品种图

证 书 号：农 01 新品种证字第 33 号

培育单位：湖北省农业科学院畜牧兽医研究所

湖北华健硒园农牧科技有限公司

湖北天之力优质猪育种有限公司

硒都黑猪是湖北省农业科学院畜牧兽医研究所，联合湖北华健硒园农牧科技有限公司、湖北天之力优质猪育种有限公司等单位，以恩施黑猪、梅山猪、湖北白猪为育种素材，经过杂交创新、横交固定、世代选育，历经12年6个世代选育而成的优质猪新品种，其肉质优良，环境适应性强，遗传性能稳定。

一、培育背景

随着居民消费结构升级提质，高品质猪肉需求持续增加，市场供需不匹配问题凸显。产业高质量发展与"肉盘子"市场终端对优质猪种需求迫切。恩施黑猪是湖北省优良的肉脂兼用型地方猪种，是湖北省武陵山区独特的地方猪种资源，具有适应鄂西南高山地带生态环境、耐粗饲、耐寒湿、皮薄骨细、早熟易肥、肉质好、蓄脂能力强，宜于加工火腿、熏腊肉等特征，但因其生长速度慢、繁殖性能较低，养殖比较效益低，种群大幅度萎缩。为更好地保护和开发利用恩施黑猪，变资源优势为经济优势，满足市场多元化需求，从2009年起，湖北省农业科学院畜牧兽医研究所等单位以恩施黑猪为基础开展了优质猪新品种培育。

二、外貌特征特性

硒都黑猪被毛全黑，四肢下部少量白色，稀密适中，体躯结实，体形中等；头中等大，面直，额部有浅皱褶或不完全八卦，耳中等大、稍向前伸下垂；颈长短适中；背腰平直，胸宽深，腹中等大，充实而不下垂；后躯丰满；四肢结实；有效乳头7对以上，大小适中、排列均匀整齐。

三、生产性能

硒都黑猪经多个世代选育，表现出繁殖性能好、肉质优良、瘦肉率适中、耐粗饲等特点。

硒都黑猪成年公猪（24月龄）体重179.44kg，体长151.39cm，体高82.18cm，胸围126.85cm；成年母猪（24月龄）体重171.5kg，体长145.83cm，体高73.92cm，胸围132.42cm。

硒都黑猪243.2日龄开始配种，初配体重116.3kg；初产母猪总产仔数11.29头/窝、产活仔数10.74头/窝，经产母猪总产仔数12.67头/窝、产活仔数11.71头/窝；178.3日龄达90kg体重，育肥期日增重646.77g，料重比为2.84：1；体重达100kg左右时屠宰，瘦肉率52.96%，肌内脂肪含量为3.42%。

优化筛选的巴克夏猪×硒都黑猪（BX）、杜洛克猪×硒都黑猪（DX）杂交组合商品猪分别在175.6日龄、172.4日龄达100kg体重，育肥期料重比分别为2.68：1、2.61：1，瘦肉率分别为59.74%、61.98%，肌内脂肪含量分别为2.89%、2.76%。

四、主要创新点

（1）创新融合常规育种、分子育种、计算机信息处理等技术构建经济实用的优质猪育种技术，在品种选育准确性、效率、进展等方面均有大幅度提升。

（2）聚合国内自有猪种资源优势特性，在保持地方猪种肉质优良、良好环境适应性等特性的基础上，繁殖、生长性能显著提升，肉质关键指标肌内脂肪含量高于普通商品猪1个百分点以上；经产母猪产仔数高于省内地方猪种1.5头以上。硒都黑猪丰富了优质猪生产的种源供应，满足了多元化市场需求。

五、成果推广

硒都黑猪有效聚合了恩施黑猪肉质优良适应性强，梅山猪繁殖性能好，湖北白猪生长快、瘦肉率高等优点，其抗逆性强、耐粗饲，能较好地适应多样化的饲养管理条件，母猪发情明显、易配种、母性好；已构建了较为完善的"核心群-扩繁群-商品群"三级金字塔良种繁育体系及市场推广体系，存栏基础母猪 6 440 头，年生产能力超过 10 万头，是优质黑猪养殖及高端优质猪肉生产的良好种源。

2021 年以来，硒都黑猪新品种先后在全国农业科技成果转化大会、中国杨凌农业高新科技成果博览会、武汉市种业博览会上展示推介；通过"科技＋公司＋品牌＋合作社＋农户""技术＋龙头企业＋新品种＋基地"产业化开发模式在湖北省恩施土家族苗族自治州建立了 10 个硒都黑猪家庭生态农场；面向湖北、陕西、安徽等省市推广种猪 1.1 万余头；注册了"硒都黑土猪""鄂栖嘿""土嘿硒"三个优质猪肉产品商标；已初步构建了"硒都黑"高端猪肉礼盒网络销售平台、大型超市销售平台等多种形式"硒都黑"优质猪肉产品线上线下市场开发体系。

硒都黑猪肉品质性能突出，环境适应性强，可有效满足优质高档猪肉生产种源需求，紧扣产业发展趋势与市场需求。随着国内优质、特色、高档猪肉消费需求不断增加，硒都黑猪市场前景广阔。

华西牛新品种

扫码看品种图

证 书 号：农 02 新品种证字第 9 号

培育单位：中国农业科学院北京畜牧兽医研究所

华西牛是中国农业科学院北京畜牧兽医研究所主导培育的大型专门化肉牛新品种，具有生长速度快、屠宰率高、净肉率高、适应性广、分布广的特征。广泛推广该品种将彻底打破国外肉牛主导种源的垄断，提升我国肉牛产业核心竞争力。

一、培育背景

随着经济的快速发展和居民消费水平持续上升，人们对牛肉的消费需求也不断增加。面对国内牛肉需求旺盛的实际情况，我国市场供需缺口巨大和进口依赖加剧等一系列问题日益凸显，导致牛肉价格不断走高。专门化肉用良种是制约我国牛肉产业升级提效的关键性核心问题。因此，为提升国内肉牛生产效率，保证国内牛肉自主稳定供给，早在21世纪初，北京畜牧兽医研究所牛遗传育种团队便开始着手我国专门化肉牛新品种培育工作。华西牛的培育工作起始于1978年，培育过程经历了杂交探索（1978—1993年）、种质创新（1994—2003年）和选育提高（2004—2021年）三个阶段。以肉用西门塔尔牛、兼用西门塔尔牛、蒙古牛、三河牛和夏洛来牛为育种素材，经过杂交改良和持续选育，形成了当前体型外貌一致、生产性能突出、遗传性能稳定的专门化肉用牛新品种——华西牛。

二、外貌特征特性

华西牛躯体被毛多为红色（部分为黄色）或含少量白色花片，头部白色或带红黄眼圈，腹部有大片白色，肢蹄、尾稍均为白色。公牛颈部隆起发达，颈胸垂皮明显，体格骨架大，背腰平直，肋部方圆深广，背宽肉厚，肌肉发达，后臀丰满，体躯呈圆筒状。母牛体型结构匀称，乳房发育良好，母性好，性情温驯。

三、生产性能

华西牛肉用性能突出，20～24月龄宰前活重平均为690.80kg，胴体重为430.84kg，屠宰率62.37%，净肉率53.95%。强度育肥条件下，华西牛平均育肥期日增重为1.36kg，最高可达1.86kg。华西牛既能适应我国牧区、农区及北方农牧交错带，也能适应南方草山草坡地区。在北方放牧、露天半开放简易牛舍等粗放的饲养管理条件下，母牛繁殖成活率达82%以上。在河南、吉林农牧交错带饲养的华西牛改良牛以玉米秸、稻草等农作物秸秆为主要饲料来源。母牛和犊牛在自由采食秸秆的基础上，平均每日补饲1.5kg左右的玉米可以取得较好的繁殖和生长效果。华西牛耐寒能力尤其突出，在−30℃极低温环境下，强度育肥平均日增重仍能达到0.9kg，最大日增重达到1.3kg。在湖北饲养的华西牛及其改良牛，在环境温度30℃、空气湿度90%下，除呼吸频率加速外，未见大量流涎、伸舌等应激反应，采食量未见明显下降。

四、主要创新点

（1）华西牛生产性能和综合品质达到国际先进水平。华西牛具有生长速度快，屠宰率、净肉率高，繁殖性能好，抗逆性强，适应面广，经济效益高等特点，既适应全国所有的牧区、农区及北方农牧交错带，也适应南方草山草坡地区。在寒冷和高温高湿等环境下，都能表现出良好的生长发育性能。与国际同类型肉牛品种相比，华西牛的日增重、屠宰率、净肉率均达到国际先进水平。

（2）率先应用基因组选择技术，实现肉牛育种核心技术从"跟跑"到"并跑"。该项育种技术体系构建了我国第一个华西牛基因组选择参考群，群体规模为2 689头，测定了生长发育、育肥、屠宰、胴体、肉质、繁殖6类87个重要经济性状，建立了770K的基因型数据库，为我国实施肉牛全基因组选择奠定了基础，该平台总体处于国际先进水平；建立了用于华西牛基因组选择相应的软、硬件平台，研究制订了包括屠宰率和净肉率在内的基因组选择指数（GCBI），主要经济性状育种值评估准确度不低于 60%，进一步加快了群体遗传进展；开发了一款 10K 低密度生物芯片，可有效替代 770K 高密度芯片对肉牛重要经济性状进行遗传评估，降低了全基因组选择成本。该项育种技术体系引领了我国肉牛育种科技发展方向。

（3）首创联合育种实体，真正实现了大动物育种"全国一盘棋"的组织机制。2015 年成立了首个肉用牛联合后裔测定组织，开创了我国肉用种公牛联合后裔测定的先河；2018 年，中国农业科学院北京畜牧兽医研究所牵头全国 24 家育种单位，成立了"肉用西门塔尔牛育种联合会（北京联育肉牛育种科技有限公司）"，共同推动肉牛联合育种的组织实施。通过搭建共享数据管理与联合遗传评估技术平台，建立联合育种的数据信息共享和遗传物质交流机制，提升育种价值，提高企业效能，实现肉牛联合育种的"共享、共创、共赢"，形成了"繁育场＋养殖场（企业）＋规模养殖户"一体化的高效繁育体系。

（4）创建了可持续健康发展的育繁推一体化高效肉牛产业模式。华西牛的培育过程中，形成了以中国农业科学院北京畜牧兽医研究所和国家肉牛遗传评估中心为研发中心，全国种公牛站、育种核心场、育肥场广泛参与的华西牛产学研深度融合联合育种模式，通过人才、技术、数据、产业链等资源有效整合，加快成果转化，提高创新效率。2018 年、2019 年研发中心连续两年主办全国种公牛拍卖会，累计拍卖种公牛 119 头，总拍卖额 1 109.7 万元，单头拍卖价格最高达到 24 万元。全国种公牛拍卖会是我国肉牛种业史上的创举，实现了种牛的优质优价，极大增强了国内肉牛繁育企业、育种合作社和农牧民参与肉牛育种的积极性。

五、成果推广

华西牛市场推广前景广阔。中试推广期间，华西牛在内蒙古、吉林、河南、湖北、云南及新疆等地共推广种公牛 599 头，推广冻精约 762 万剂，累计改良各地母牛超过 305.2 万头，屠宰改良后代约 250 万头。据现有数据分析结果显示，改良后母牛繁殖成活率平均提升了约 1.5 个百分点，犊牛死亡率平均下降约 1 个百分点，仅此一项累计新增活牛头数约 4.57 万头，按断奶犊牛平均 1 万元/头出售价格计算，新增产值约 4.57 亿元。经华西牛改良后的蒙古牛育肥犊牛出栏重平均提升 34kg，按照每千克 32 元计算，养殖户平均每头牛可增产约 1 100 元，生产效益共计提升约 27.5 亿元。华西牛培育过程中注重品牌建设，通过种公牛拍卖会、网络拍卖等形式，积极打造推广华西牛品牌，提高品牌价值塑造。在中试推广期，同月龄华西牛较西门塔尔牛要多售出 600～800 元，品牌溢价累计新增产值约 20 亿元。中试推广表明，2016—2019 年华西牛推广期间，累计新增收益 52.07 亿元，增产增效明显。随着华西牛的选育工作不断进行，其生长速度快、产肉多的优点将会进一步提升，为肉牛种源国产化提供重要的种质保证，满足肉牛种业内循环需求。同时，在市场商业育种模式的不断推动下，按照当前遗传进展推算，华西牛再经过 5～10 年选育提升，其生长速度、产肉性能和屠宰性能等主要肉用指标将媲美美国、澳大利亚等顶级肉用西门塔尔牛核心群。华西牛优秀个体冻精可以对外出口，直接参与国际市场竞争。

贵乾半细毛羊新品种

扫码看品种图

证 书 号：农 03 新品种证字第 24 号

培育单位：毕节市畜牧兽医科学研究所

　　　　　贵州省畜牧兽医研究所

　　　　　威宁县种羊场

　　　　　毕节市牧垦场

　　　　　贵州省威宁高原草地试验站

　　　　　毕节市畜禽遗传资源管理站

　　　　　贵州新乌蒙生态牧业发展有限公司

贵乾半细毛羊是由毕节市畜牧兽医科学研究所牵头，贵州省畜牧兽医研究所、威宁县种羊场、毕节市牧垦场、贵州省威宁高原草地试验站、毕节市畜禽遗传资源管理站、贵州新乌蒙生态牧业发展有限公司等单位参与育成的56～58支半细毛羊新品种。其培育方法是以威宁绵羊为母本，以新疆细毛羊为中间父本、考力代羊为终端父本，经历杂交改良、横交固定、选育提高等三个阶段培育而成，遗传性能稳定。该品种主要分布于贵州省毕节市的威宁县、赫章县、大方县及六盘水市等地。

一、培育背景

威宁绵羊是一个古老的地方品种，属藏系山谷型粗毛羊。由于数量大、个体小、产毛少、毛质差，1954年贵州省人民政府为了发展生产，提高养羊经济效益，高度重视绵羊的改良工作，在威宁县建立了种羊场，先后引进考力代羊、新疆细毛羊开始杂交试验，在多个县建立配种站，广泛开展绵羊的杂交改良，使改良羊羊毛同质化，基本符合育种指标，最后经过横交固定、选育提高而育成。该品种保留了原始品种耐粗饲、抗病力强、抗逆性好等优良特点，提升了毛用、肉用、繁殖等性能，养殖效益显著提高。

二、外貌特征特性

贵乾半细毛羊属于毛肉兼用半细毛羊品种。被毛白色，公、母羊均无角，鼻梁微隆，鼻镜黑色，蹄质黑色或白色；套毛着生头部至两眼连线，前肢到腕关节，后肢到飞节；羊毛细度56～58支毛丛长度9～15cm，具有明显或不明显的波状弯曲；油汗适中，体型中等，体质结实，结构匀称，四肢短，体躯呈圆桶状，侧面呈长方形；背平直，肋骨开张，尾部丰满。皮肤无皱褶，有弹性，皮肤较薄，呈粉红色。耐粗饲，抗病力强，适应性好，生长发育快，羊毛品质、肉用性能、繁殖性能优良。

三、生产性能

贵乾半细毛羊核心群，体重6月龄公、母羊分别为（35.26±8.41）kg、（28.21±5.22）kg，育成公、母羊分别为（47.94±6.28）kg、（37.42±8.66）kg，成年公、母羊分别为（73.89±8.40）kg、（52.89±8.33）kg；剪毛量、毛丛长度育成公羊分别为（4.35±0.79）kg、（14.32±1.82）cm，育成母羊分别为（3.92±0.69）kg、（13.92±1.63）cm，成年公羊分别为（6.62±0.66）kg、（12.92±1.50）cm，成年母羊分别为（4.83±0.92）kg、（11.93±1.62）cm。屠宰率6月龄公、母羊分别为39.74%、39.31%，周岁公、母羊分别为48.74%、46.65%，成年公、母羊分别为54.93%、50.87%。初产母羊产羔率为105.88%，经产母羊产羔率117.07%，羔羊成活率90%以上。

四、主要创新点

贵乾半细毛羊主要在贵州毕节等地海拔1 800～2 200m的高寒、高湿山区自然生态条件下育成，当地平均气温13～15℃，无霜期250～260d，雨量1 000～1 200mm。粮食作物以玉米、荞麦、马铃薯等为主，饲草以适合冷凉气候种植的黑麦草、白三叶、高羊茅、鸭茅等为主，耐粗饲、抗病力强、抗逆性好，适合国内广大地区推广应用。贵乾半细毛羊的育成，填补了南方地区56～58支半细毛羊品种的空白，羊毛油汗适中，净毛率达68%左右；成年羊、周岁羊屠宰率分别达到50%以上、46%以上。该品种符合种业发展和市场需求，拥有自主知识产权，生产性能达到了国内同类先进水平，具有创新性和先进性。

五、成果推广

贵乾半细毛羊是在我国南方地区培育出的首个 56～58 支半细毛羊新品种，实现贵州畜禽自育品种零的突破和贵州畜禽品种国家审定零的突破。贵乾半细毛羊已成为产区老百姓的当家品种，其具有生长发育快、肉用性能好、羊毛品质优良等特性。其羊毛具有光泽柔和、弹性好、吸湿性强、保暖性好、铺盖舒适等特点，除了当地用于加工羊毛被、羊毛衣、擦尔瓦等外，主要销往江浙一带的羊毛纺织厂生产半细羊毛纺织品。生产的羊肉，100g 鲜肉含水分、脂肪、蛋白质、胆固醇、天冬氨酸、谷氨酸分别为（69.13±5.71）g、（9.81±5.40）g、（19.62±1.40）g、（16.96±13.99）mg、（1.87±0.26）g、（3.12±0.38）g，天冬氨酸、谷氨酸等风味氨基酸在 17 种氨基酸中含量占 25.86％，其中谷氨酸占 16.16％。生产的冻卷肉、肥羔肉，是涮火锅、爆炒、烧烤、清炖的优良食材。而活羊除了满足当地羊肉餐馆、早餐门店外，主要远销广东、广西、湖南、四川、云南等地。养殖贵乾半细毛羊可以做到毛肉兼收的效果，其产品投放市场颇受消费者的青睐。贵乾半细毛羊现存栏近 20 万只，年推广 10 万只，年销售总产值近 2 亿元。贵乾半细毛羊新品种推广具有广阔的应用前景，对当地巩固拓展脱贫攻坚成果同乡村振兴有效衔接发挥着重要作用，对促进地方经济发展和社会稳定具有重要意义。

藏西北白绒山羊新品种

扫码看品种图

证 书 号：农 03 新品种证字第 25 号

培育单位：西藏自治区农牧科学院畜牧兽医研究所

日土县原种场

西藏尼玛县白绒山羊原种场

中国农业科学院北京畜牧兽医研究所

藏西北白绒山羊是由西藏自治区农牧科学院畜牧兽医研究所、日土县原种场、西藏尼玛县白绒山羊原种场、中国农业科学院北京畜牧兽医研究所等多家单位联合培育的绒肉兼用山羊新品种。该品种在原有西藏山羊基础上，以毛色和绒品质作为主选性状，经过多个世代持续选育，纯白、绒品质优异、抗逆性强、遗传稳定，主要生产性能得到明显提升。

一、培育背景

长期以来，西藏山羊存在体型外貌不整齐、被毛杂乱、绒产量低、饲养水平差、繁育手段落后等诸多"卡脖子"问题，绒山羊优良遗传性状无法延续，综合生产能力难以提升。随着人民生活和消费水平的提高，高档羊绒制品已逐渐成为人民日常消费产品，白绒在生产中更容易染色，因此，培育出满足市场需求兼顾产绒量、体重、肉品质等指标的绒山羊新品种，是产业迫切需求。

二、外貌特征特性

藏西北白绒山羊体质结实，体躯结构匀称。额宽，耳较长，鼻梁平直。公羊、母羊均有角，公羊有两种角型，一种呈倒"八"字形，另一种向外扭曲伸展；母羊角较细，多向两侧扭曲。公母羊均有额毛和髯。颈细长，背腰平直，前胸发达，胸部宽深，肋骨拱张良好，腹大不下垂。被毛颜色全白。

三、生产性能

1. 生长发育

藏西北白绒山羊公、母羊初生重分别为 2.14kg 和 2.04kg；周岁公、母羊体重分别为 21.21kg 和 18.71kg；成年一级公、母羊体重分别为 35.17kg 和 27.08kg。

2. 产绒性能

藏西北白绒山羊白绒型绒颜色为白色，绒色泽光亮，光泽度（L）在 67 以上，色泽度（W）在 65 以上。绒品质优秀，核心群羊绒纤维直径为（14.70 ± 0.72）μm；公、母羊平均绒自然长度分别为（4.47 ± 0.39）cm 和（4.31 ± 0.31）cm，手感柔软，纤维强力和弹性好，具有很好的纺织加工价值。公、母羊平均产绒量分别为 358.26g/只和 308.81g/只。

3. 产肉性能

在放牧饲养条件下，周岁公羊屠宰率达到 41.75%，周岁母羊屠宰率达到 36.69%；成年公羊屠宰率达到 45.71%，成年母羊屠宰率达到 42.39%。

4. 繁殖性能

放牧条件下，藏西北白绒山羊性成熟较晚，多数 2.5 岁开始配种。母羊发情多集中在秋季，发情周期为 15～23d，发情持续期为 24～48h，妊娠期平均为 150d。一般一年产一胎，一胎一羔，偶有双羔。经产母羊产羔率为 92% 以上，成活率 95% 以上。

四、主要创新点

（1）藏西北白绒山羊是西藏自治区培育的第一个山羊新品种，更是我国海拔 4 500m 以上高寒高海拔地区培育的唯一羊绒纤维直径达（14.70 ± 0.72）μm 的绒肉兼用绒山羊新品种。

（2）藏西北白绒山羊是我国绒山羊品种生态差异化培育的典型代表，具有不可替代的生态地位、经济价值和社会意义，凸显了地域化、专一化、差异化等特点，丰富了西藏自治区乃至我国绒山羊种质资源，为世界独特生态区优良山羊品种提供了成功范例。

（3）藏西北白绒山羊在育种实践中形成了政府主导、科技主体支撑及基层技术推广部门参与、群选群育的育种模式，建立健全了"育繁推"的三级繁育体系，采取了原种场和核心示范户建立核心

群、示范户村建立选育群、其他养殖户为生产群的育种联合体，统一选种选配，执行边选育、边生产、边推广的方法。

五、成果推广

藏西北白绒山羊培育区域主要分布在西藏西北部高寒牧区，该品种适应青藏高原自然生态条件，适宜在类似地区乃至全国推广利用。2003 年至今，育种工作组在西藏自治区内共推广藏西北白绒山羊种羊 3.72 万只，改良了羊产绒量、绒自然长度，且成年羊体重明显提高。经济效益显著。仅推广种羊方面，按照每推广 1 只种羊平均 1 500 元计算，累计收益 5 580 万元以上。

预计今后每年可推广种公羊 3 000 余只，年改良低产绒山羊 7.50 万余只，有助于满足毛纺工业对高档精纺羊绒的需求，且能够掌握西藏自治区羊绒在国际贸易中的话语权和议价权，因此，该品种具有广阔的推广应用前景。

皖南黄兔新品种

扫码看品种图

证 书 号：农 07 新品种证字第 9 号
培育单位：安徽省义华农牧科技有限公司
安徽省农业科学院畜牧兽医研究所
安徽省畜禽遗传资源保护中心
中国农业科学院北京畜牧兽医研究所

皖南黄兔是由安徽省义华农牧科技有限公司和安徽省农业科学院畜牧兽医研究所等单位，历经10 余年联合培育的肉兔新品种。主要针对有色兔需求市场，保证兔肉品质的同时，提高其生长性能。皖南黄兔新品种选用福建黄兔和新西兰白兔进行杂交创新，经横交固定和系统选育而成，其体型中等、外貌一致、被毛黄色、生产性能优良、遗传性能稳定。

一、培育背景

兔业是节粮环保型草牧业，为我国畜牧业结构优化调整的重要方向，但一直受到欧美等国外种源的严重制约。我国地方兔品种资源较为丰富，且适应性和抗病力强、耐频密繁殖、肉品质优良，但体型小、生长慢，与引进品种生长育肥性能差距较大。福建黄兔是我国著名的地方兔品种，为福建及周边地区养殖量最大的地方肉兔，具有适应性广、抗病力强、繁殖率高、胴体品质好和特殊药用功能等优点，很受市场欢迎，但其生长速度缓慢、屠宰率较低、综合效益低，不能满足市场需求。利用好福建黄兔地方资源和引入品种各自的特点和优势，育成适应性强、肉质优良、生长育肥性能好的肉兔良种，不仅是市场所需，也是突破国外垄断的关键。

二、外貌特征特性

皖南黄兔主要外貌特征与福建黄兔相似，但是成年体型明显大于福建黄兔。其体型中等，体质结实。公兔头型较大，母兔头部清秀，眼球黑色，双耳直立。胸宽而深，背腰宽广，肌肉丰满，臀部圆宽，后躯发达。公兔双睾，母兔乳头 4 对以上。被毛黄色，光泽度好，胸腹毛白色，腹股沟有"八"字形黄斑。头毛与体表毛色一致，尾和四肢背覆黄毛，腹面白毛，趾间毛色淡。黄毛纤维根部为白色，上部为黄色。

三、生产性能

皖南黄兔繁殖性能强，胎产仔数 7.34 只，胎产活仔数 7.23 只，3 周龄窝重 2 180.61g，4 周龄断奶窝重 3 477.08g，母兔年育成断奶仔兔数 42.47 只。公、母兔 4 周龄断奶体重分别为535.08g 和 541.82g，12 周龄体重分别为 2 415.05g 和 2 480.73g，10 月龄成年体重分别为3 550.91g 和 3 684.67g。生长育肥性能高，4～12 周龄育肥期平均日增重、料重比和成活率分别为34.31g、3.61∶1 和 96.43%。屠宰肉质性能好，12 周龄宰前活重 2 437.70g，全净膛屠宰率51.47%；背肌鲜肉 pH 为 6.73，屠宰后 24h 背肌 pH 为 5.88；背肌熟肉率和嫩度（剪切力值）分别为 61.57% 和 34.59N/cm。

四、主要创新点和先进性

（1）育种素材独特，是地方资源有效利用的成功范例。皖南黄兔在充分利用地方资源福建黄兔繁殖力强、适应性强、肉质优良等特性的基础上，导入引入品种新西兰白兔早期生长速度快、产肉性能好的优良基因，有效解决了地方肉兔遗传资源生长速度慢、经济效益低下的突出问题，满足了优质兔肉的市场需求，是地方资源有效利用的成功范例。

（2）皖南黄兔早期生长速度快、育肥产肉性能强。其 12 周龄出栏体重达 2 400g 以上，4～12 周龄育肥期平均日增重达 34g，全净膛屠宰率 52% 左右，均优于福建黄兔，媲美新西兰白兔等引入品种。

（3）皖南黄兔适应性强、成活率高，对南方地区高温高湿的气候特点具有良好的耐受性。皖南黄兔繁殖力强，胎产活仔数 7.23 只，年育成断奶仔兔数 42 只以上。

五、成果推广

皖南黄兔适应性强、早期生产速度快、育肥产肉性能好、繁殖力强，断奶和育成成活率高，适宜在全国各地肉兔养殖区推广应用，可以为我国肉兔良种繁育体系建设和肉兔品种改良提供优质种源。目前，皖南黄兔已经范推广到池州、安庆、黄山等市县，并逐步辐射到安徽省全省乃至全国，其优质兔肉产品不仅销售在池州、黄山、合肥等周边地区，并逐步远销至南京、杭州、深圳等发达城市，受到消费者青睐，市场前景良好。

金陵麻乌鸡配套系

扫码看品种图

证 书 号：农 09 新品种证字第 87 号

培育单位：中国农业科学院北京畜牧兽医研究所

广西金陵农牧集团有限公司

金陵麻乌鸡配套系是由中国农业科学院北京畜牧兽医研究所、广西金陵农牧集团有限公司联合培育的快速型麻羽乌骨肉鸡配套系。该配套系主要在保留了地方乌骨鸡的外貌特征和肉品风味的特性后，对早期增重、皮肤和胸肉黑度、均匀度进行持续改进。配套系采用三系配套方式，终端父系 W 系由无量山乌骨鸡、广西麻鸡为素材培育而成，第一父系 B 系由上海华清安卡麻鸡、广西南丹瑶鸡为素材培育而成，母系 R1 系来源于法国克里莫公司的隐性白羽品系，经过多个世代的强化选育，每个品系的主要性状均有明显改良，遗传性能趋于稳定。

一、培育背景

乌鸡是补虚劳、养身体的上好佳品，具有清洁人体血液和清除血液中垃圾之功能，能调节人体免疫功能，对气血亏虚引起的月经紊乱及老年人虚损性疾病，有很好的补益作用。我国西南地区居民偏爱食用乌鸡，近年来对乌鸡的需求不断提高，当地居民尤其喜欢将片毛乌鸡作为日常食材进行烹制。但乌鸡由于产蛋数低、产肉能力差、饲料消耗高等因素导致生产成本高，价格因素影响了人们对乌鸡的购买力。广西金陵农牧集团有限公司自成立以来就收集保存多个地方乌鸡品种，并用于推广开发。2011 年始该公司与中国农业科学院北京畜牧兽医研究所合作，针对地方乌鸡品种主要经济性状的不足，在纯合外貌特征性状的同时，利用现代育种技术，通过家系选育，不断提高产肉性能和胴体品质，并通过杂交配套培育出金陵麻乌鸡新配套系。经过多年的系统选育，金陵麻乌鸡配套系父母代和商品代综合性能不断完善，生长速度和繁殖性能得到大幅提升，在西南地区广受欢迎，占有较大的市场份额。

二、外貌特征特性

金陵麻乌鸡配套系父母代成年公鸡羽毛色泽鲜艳光亮，羽毛大多为赤褐色，尾羽墨绿色；冠叶较大，单冠，冠和肉髯红里透黑；喙、胫、皮肤均为黑色。初生雏鸡的绒羽为浅黄色或略带麻羽。父母代成年母鸡羽毛大多为黄麻色，尾羽黑色；单冠，冠和肉髯红里透黑；喙、胫、皮肤均为黑色。初生雏鸡的绒羽为浅黄色或略带麻羽。商品代肉鸡 63 日龄出栏，冠和肉髯紫红色或紫红透黑、单冠、冠齿 7～10 个，喙为黑色，黑肤黑脚，颈羽黄褐色略带麻点，尾羽黑色，公鸡背羽红褐色为主，母鸡背羽黄麻羽为主。

三、父母代种鸡和商品代肉鸡的生产性能

金陵麻乌鸡配套系父母代种鸡生产性能：父母代母鸡于 170～180 日龄开产；开产体重约为 1 990g；30～32 周龄达到产蛋高峰，75％以上产蛋率维持 7～9 周；66 周龄入舍母鸡产蛋数 170 个以上，全期种蛋合格率 92％以上，受精率 92％以上，66 周龄提供苗鸡数 125 只。

商品代肉鸡生产性能：63 日龄出栏，公鸡上市体重 2 573～2 811g，料重比 2.10∶1，全净膛率 68.4％～71.0％，胸肌率 19.0％～21.4％，腿肌率 20.2％～22.0％；母鸡上市体重 1 949～2 235g，全净膛率 67.5％～71.7％，胸肌率 19.4％～23.2％，腿肌率 19.8％～21.6％。云南、贵州、四川地区一般饲养至 70～84 日龄出栏，出栏体重更大。

四、主要创新点

（1）通过分子辅助选择技术，发现与黑色素相关的基因位点，并利用到品系选育中，极大地提高了选择效率，提升了配套系终端产品的品质。

（2）通过品系配套技术，生产黑肤黑肉鸡肉产品，生产效率高，屠体外观方面也不逊色，在烹饪体验上更佳，丰富了乌鸡市场。

（3）利用伴性遗传原理，父系采用乌皮乌肉品系，母系采用青脚白肤品系，商品代全部为乌皮乌肉产品。这种生产方式，青脚白肤父母代母鸡较乌肤乌肉配套繁殖性能更好。

（4）祖代母本采用慢羽、芦花基因的隐性白品系，父母代母鸡生产上实现了羽速和羽色公母鉴别，提高了生产效率。

五、成果推广

金陵麻乌鸡配套系商品代肉鸡具有肉质风味优良、胴体皮肤紧凑、胸肉丰满等优点；肤色肉色黑度适中，颜色均匀度好，生长速度快，适宜在云南、贵州、四川等西南地区饲养。在为养殖户提供更好养殖效益的同时，也为我国节约可观的饲料、人工、场地等资源。市场推广表明，该配套系深受生产者、消费者的喜爱，已销往广西、云南、四川、重庆、贵州等多个省（自治区、直辖市），市场占有率快速上升。

花山鸡配套系

扫码看品种图

证 书 号：农 09 新品种证字第 88 号
培育单位：江苏立华牧业股份有限公司
江苏省家禽科学研究所
江苏立华育种有限公司

花山鸡配套系是由江苏立华牧业股份有限公司、江苏省家禽科学研究所、江苏立华育种有限公司联合培育的国内首个屠宰型肉鸡配套系。主要是针对肉鸡屠宰市场需求，以红标鸡（台湾省）、茶花鸡和良凤花鸡等素材，采用三系配套的方法培育而成的适合屠宰后上市的黄羽肉鸡配套系，父母代种鸡繁殖性能好，商品代肉鸡均匀度好、冠大、青胫、屠宰性能好、屠体美观。

一、培育背景

我国居民对优质鸡肉的传统消费一直是以活鸡为主，活鸡消费约占整个黄羽肉鸡行业的85%以上。然而，家禽行业屡遭突发事件冲击，每次冲击都会令行业损失惨重，也打击了鸡肉产品消费，给我国肉鸡产业市场容量带来了严重的负面作用。2018年，农业农村部发布公告鼓励推行"规模养殖、集中屠宰、冷链运输、冰鲜上市"模式，推进了家禽产业转型升级和提质增效。面对各级政府关闭活禽市场力度逐渐加强的紧迫形势，黄羽肉鸡产业已经进入了转型升级的关键期，加快培育屠宰型黄羽肉鸡新品种是肉鸡产业可持续发展和公共卫生安全的迫切需要。2011年江苏省家禽科学研究所联合江苏立华牧业股份有限公司、江苏立华育种有限公司启动适合屠宰上市的黄羽肉鸡的育种工作，提出屠宰加工型黄羽肉鸡的概念，通过市场调研与专家论证，确定了屠体外观、胸腿肌、鸡冠、体型均匀度为屠宰型黄羽肉鸡的重点选育性状。花山鸡是针对市场需求，选择优秀育种素材，采用现代育种技术，以鸡冠大小、皮肤毛囊等屠体外观、体型均匀度、生长速度和繁殖性能为主要选育目标培育的适合屠宰后上市的黄羽肉鸡配套系。

二、外貌特征特性

花山鸡配套系终端父系属快大型青脚麻鸡，主要利用其生长速度快、胸腿肌发达、屠宰性能好的特性；公鸡体型大，胸宽、体深、背平，全身羽毛红亮；母鸡体型圆润，胸宽、体深、背平，全身浅黄麻羽。第一父系属中速型青脚麻鸡，主要利用其繁殖性能好和早期生长速度快的特性；公鸡体型中等，羽毛紧凑，全身羽毛呈棕红色；母鸡体型清秀紧凑，修长，全身羽毛麻羽。母系属中速型黄羽黄脚鸡，主要利用其繁殖性能好的特性；公鸡体型中等偏大，背平，全身羽毛金黄色；母鸡体型中等偏大，背平，全身羽毛为浅黄麻羽。

父母代公鸡体型大，胸宽、体深、背平，全身羽毛红亮。母鸡产蛋性能较好（66周龄产蛋数186个），种蛋合格率高，体型中等，胸宽、背平，浅黄麻羽或偏黄羽（背部），尾羽黑色；喙、胫青色；皮肤白色。

商品代肉鸡属于中速型青脚麻羽鸡，既适合活体上市，又适合屠宰上市，鸡冠大、屠宰性能好、饲料转化效率较高。公鸡体型较大，胸宽、体深、背平，体躯结实，冠大；喙、胫青色；皮肤浅黄色。母鸡体型中等，胸宽、背平，早熟。母鸡全身羽毛以黄麻羽为主，少数为偏黄羽及深黑羽，背腹羽淡麻色，紧贴，尾羽黑色；单冠直立，颜色鲜红，喙及胫青色；皮肤浅黄色。

初生雏鸡绒毛整齐，富有光泽；背部多呈黄黑相间的麻羽；腹部平坦、柔软。

三、父母代种鸡和商品代肉鸡的生产性能

花山鸡配套系父母代种鸡0～21周龄存活率96.5%，22～66周龄存活率93%，151日龄开产，开产体重2 050g，高峰期产蛋率83%，66周龄入舍鸡每只平均产蛋数187个，种蛋合格率为92.3%，平均产合格雏鸡数156只。

商品代肉鸡63～65日龄出栏，公、母鸡63日龄平均出栏体重分别为2 284g、1 859g；公、母鸡料重比分别为2.23：1、2.49：1；公、母鸡存活率均为98.0%。63日龄公鸡屠宰率、半净膛率、全净膛率、翅膀率、腿肌率、胸肌率、腹脂率、皮脂厚分别为89.84%、83.24%、70.47%、12.23%、21.76%、17.28%、2.95%、3.15mm；63日龄母鸡屠宰率、半净膛率、全净膛率、翅膀率、腿肌

率、胸肌率、腹脂率、皮脂厚分别为 89.48%、83.89%、69.66%、11.74%、20.81%、17.60%、4.62%、5.31mm。

四、主要创新点

（1）随着各级政府对"规模养殖、集中屠宰、冷链运输、冰鲜上市"模式的逐步实施，黄羽肉鸡屠宰后上市已是大势所趋。培育单位率先开展屠宰型黄羽肉鸡的育种工作，通过调研，将屠体外观、体型均匀度、鸡冠、胸腿肌定为屠宰型黄羽肉鸡重点选育性状，经过专家认证，在花山麻鸡选育中应用。培育的花山鸡配套系商品代鸡冠大、屠体美观、屠宰性能较好。

（2）创新、集成、规范了屠宰型黄羽肉鸡重点选育性状的测定方法。创新屠体性状（毛囊直径、密度、皮肤厚度）、鸡冠（大小、色泽）等指标测定方法，规范了胸腿肌的选育方法，初步集成了一套屠体外观性状精准测定方法和评价体系。

（3）创新应用鸡冠和毛囊密度的标记辅助选择方法。创新鸡冠高度和毛囊密度的分子标记辅助选育方法，结合已经获得发明专利授权的选育方法（"一种屠宰型优质冷鲜鸡的培育方法"授权专利号：ZL201610799303.3），应用于花山鸡配套系选育中。

五、成果推广

花山鸡配套系生产性能稳定，父母代种鸡繁殖性能好，商品鸡适应性强，饲料报酬高，屠宰后上市均匀度好，屠体美观，肉品质优。该配套系既能满足屠宰市场对优质肉鸡的需求，又能以活鸡上市，尤其适合在西南和华东地区市场推广应用，深受消费者的喜爱。

江苏立华牧业股份有限公司通过线上、线下多种渠道进行花山鸡在内的屠宰型优质肉鸡的销售。线下，通过进驻大型商超设立鲜品专柜，开设农贸直营店、加盟店，发展社群渠道设立"朴获生鲜"专卖店等方式销售；线上，通过成立朴获电商团队、生鲜团队，打造小程序售货平台——朴获生鲜，在天猫设立专营网店，并同时在抖音、微博上同步进行宣传营销。已累计推广父母代种鸡 65 万套，商品代肉鸡 7 500 万只，市场占有率快速上升。

园丰麻鸡 2 号配套系

扫码看品种图

证 书 号：农 09 新品种证字第 89 号

培育单位：广西园丰牧业集团股份有限公司

广西大学

广西畜牧研究所

园丰麻鸡 2 号配套系是由广西园丰牧业集团股份有限公司、广西大学和广西畜牧研究所联合培育的肉鸡。配套系采用三系配套方式，经过多个世代的强化选育，每个品系的主要性状均有明显改良，遗传性能趋于稳定。

一、培育背景

广西麻鸡（灵山香鸡）起源于园丰集团所在地广西钦州市灵山县，生长速度较慢，肉质好，抗病力强，在广西及周边地区有着悠久的饲养历史，是继广西三黄鸡之后广西最著名的地方优质鸡品种。经过多年的发展，以广西麻鸡或在广西麻鸡基础上发展起来的类似产品，年出栏在 5 亿只以上，是我国目前优质鸡中单一品种饲养量极大的品种。园丰集团是广西麻鸡保种场根据市场需求，利用广西麻鸡品种优势，同时引进国内优质地方鸡品种资源，通过专门化品系的选育和品系配套的研究和实践，提高父母代种鸡的繁殖性能，在保持配套系商品代体型外貌与原种广西麻鸡基本相近的情况下，使其上市日龄、体重、毛色的一致性、冠的早期发育、胫长、胫围、肤色等更符合市场需求。

二、外貌特征特性

园丰麻鸡 2 号配套系父母代公鸡为黄麻羽、黄胫、黄肤，红冠、单冠，成年公鸡羽毛色泽鲜艳光亮，羽毛大多为红褐色，尾羽墨绿色；父母代母鸡羽毛大多为黄麻色，尾羽黑色；单冠，红冠；喙、胫、皮肤均为黄色。商品代初生雏鸡绒羽带虎背斑纹，成年公鸡头清秀，单冠、红冠，冠高直立；喙为黄色，有少量棕色；颈羽为金黄色，羽毛长而覆盖整个颈部延长至背部，背部羽毛深黄色或黄红色，尾羽为黑色，泛碧绿色光芒，有 3~4 根尾羽长 40~50cm。母鸡单冠、红冠、直立，黄喙；颈羽为黄色或有部分哥伦比亚斑纹，背羽为黄色带麻点；尾羽为黑色。公母鸡均为黄胫、黄肤。

三、父母代种鸡和商品代肉鸡的生产性能

园丰麻鸡 2 号配套系父母代种鸡的高峰产蛋率可达 80%，父母代种鸡 66 周龄每只入舍母鸡产种蛋数达 170 个，合格种蛋数可达 154~160 个，全期种蛋合格率 90.6%~94.3%，受精率 94.7%~95.7%，受精蛋孵化率 92.8%~93.5%，入孵蛋孵化率 86.4%~89.2%，健苗率 98.5%~99.7%，产健苗数达 130~138 只。商品代母鸡 110~115 日龄上市，体重 1.75~1.85kg，料重比（3.6~3.8）：1，成活率 94.5%~96.4%；公鸡 90~100 日龄上市，体重 1.85~1.95kg，料重比（3.2~3.5）：1，成活率 93.5%~96.5%；阉鸡 140~150 日龄上市，体重 2.75~2.85kg，料重比（4.5~5.0）：1。园丰麻鸡 2 号配套系商品代体型外貌符合广西麻鸡特征，长速比广西麻鸡更快、体重更大、饲料报酬更好、成活率更高，更受市场欢迎。

四、主要创新点

（1）将矮脚、隐性白羽和优质鸡基因有机结合，稳定品质和提高产量，利用了配套品系的优质、快长、高繁殖率和节粮，可节省种蛋成本，提高商品鸡生长速度。同时对企业育种成果的保护起到了重要作用。

（2）利用优质地方鸡，通过品系选育和配套技术，生产高产、优质肉鸡的配套系，也为品种保护和开发利用提供了一条借鉴途径。

（3）淘汰种鸡市场售价高，充分发挥了优质鸡的市场优势。淘汰老母鸡市场中矮脚鸡由于体重较轻不被接受，同样一只淘汰母鸡价格相差 10 元以上。为保持父母代种鸡饲养利润，将矮脚系（D 系）用作第一母系配套，父母代母鸡为正常型，保证了种鸡饲养利润。

五、成果推广

园丰麻鸡 2 号配套系在保留了广西麻鸡外貌特征和肉品风味的基础上，根据市场需求，商品代在生长速度、毛色、均匀度等进行持续改进；采用矮脚隐性白羽品种参与配套，弥补了地方鸡繁殖性能差、种蛋合格率低、商品肉鸡产肉量低、生长速度慢等缺点。通过对体型、体重均匀度、性成熟等的综合选择，商品代肉鸡具有肉质风味优良、胴体皮肤紧、胸肉丰满等优点，既适宜大规模集约化饲养，也适宜传统、粗放的饲养方式，可满足不同的市场生产需求。在能为养殖户提供更好养殖效益的同时，亦能满足国内特别是两广（广东、广西）市场对优质肉鸡的需求，2022 年园丰麻鸡 2 号配套系已经达到种鸡存栏 36 万套、肉鸡年饲养量 3 000 万羽的规模，获得了较好的经济效益，品种具有较大的推广价值。

沃德 158 肉鸡配套系

扫码看品种图

证 书 号: 农 09 新品种证字第 90 号

培育单位: 北京市华都峪口禽业有限责任公司

中国农业大学

思玛特（北京）食品有限公司

沃德 158 肉鸡配套系是由北京市华都峪口禽业有限责任公司、中国农业大学和思玛特（北京）食品有限公司联合培育的肉蛋兼用型小型白羽肉鸡配套系，创新融合白羽肉鸡、蛋鸡和地方品种素材优势，满足我国家庭整鸡消费和冰鲜鸡市场需求。配套系采用三系配套方式，具有早期体重增速快、肉质优、适应能力强且父母代种鸡繁殖能力高等特点。

一、培育背景

随着社会发展及家庭结构变化，居民对整鸡的消费向小型化转变，对鸡肉品质提出更高的要求。当前此类肉鸡的消费方式主要为活禽交易，卫生安全存在隐患，尤其是 H7N9 型禽流感等疫情的时有发生，不利于保障生物安全。近几年，深圳、上海等地相继出台相关政策控制活禽销售、鼓励冰鲜鸡发展，传统的活禽交易市场逐渐向冰鲜鸡交易市场转变，以保证禽肉食品安全。

目前用于冰鲜鸡的品种，存在疾病净化不彻底、胴体外观品质不佳、生产效率低、养殖成本高，以及种鸡繁殖效率低等问题，不同程度地制约了冰鲜鸡市场的发展。因此，亟须培育一个满足家庭整鸡消费需求、适合冰鲜市场的肉鸡配套系。

二、外貌特征特性

沃德 158 肉鸡配套系父母代公鸡单冠，全身羽毛白色，皮肤、喙和胫的颜色均为黄色，体躯坚实，胸肌发达，体重大，羽毛短而密；父母代母鸡以 Y 型冠为主，全身羽毛黑色，皮肤呈淡黄色，喙和胫的颜色均为黑色，体型中等。

沃德 158 肉鸡配套系商品代雏鸡多为黄色或淡黄色，少量带有黑斑，随着鸡群日龄的增大，羽毛逐渐变为白色，少量为灰白色或白羽中带有黑斑。以单冠为主，Y 型冠比例约为 25%，喙和皮肤为淡黄色，黄胫比例 90%～93%，部分鸡只带有凤头，体型中等。

三、父母代种鸡和商品代肉鸡的生产性能

沃德 158 肉鸡配套系种鸡 72 周龄产蛋数 308 个以上，全程平均受精率 92% 以上，受精蛋孵化率 94% 以上，只鸡可提供商品代健雏数 230 只以上；全程平均蛋重 50g 左右，蛋品质优良，是上佳的土鸡蛋，还可以作为品牌蛋；淘汰种鸡肉质优，可作为优质老母鸡。商品代肉鸡早期体重增速快，7 周龄平均体重可达 1.5kg；适应能力强，成活率高，全程成活率达 99% 以上；饲料转化效率高，公母鸡平均料重比小于 2.0：1，是家庭消费和冰鲜鸡市场首选品种。

四、主要创新点

（1）该配套系充分挖掘白羽肉鸡、高产蛋鸡和地方鸡种的性能优势，利用白羽肉鸡早期生长速度快、饲料转化效率高、高产蛋鸡繁殖效率高，以及地方鸡种肉质好等特点，开展沃德 158 肉鸡配套系的培育，提高了种鸡利用效率，降低了生产成本，保证了商品鸡的生长速度、饲料转化效率和肉品质，显著提高了综合生产效率。

（2）从种鸡到商品鸡，均采用笼养模式，建立起肉鸡笼养技术体系，对提升商品代鸡群的体重均匀度、成活率和饲料转化效率有明显优势。同时，笼养模式有利于控制生物安全，降低球虫病、沙门氏菌病等疾病的发生，减少药物和疫苗的使用，保证鸡肉产品安全，推动肉鸡规模化、集约化养殖模式的升级。

（3）自主研发家禽育种管理系统，通过物联网技术，将条形码、二维码等图像识别技术与数据采集设备集成，并与育种管理系统链接，实现数据自动采集、校验、实时保存和远程传输，保证数据准确性在 99.97% 以上，数据采集效率提高 50% 以上。

五、成果推广

沃德 158 肉鸡配套系于 2018 年经山东省畜牧局批准开展中间试验，截至 2019 年 11 月底，在山东省累计中试商品代 270 万只。该配套系于 2021 年 12 月 1 日获得国家畜禽新品种（配套系）证书。截至目前，沃德 158 肉鸡配套系已在全国范围推广，主要地区包括山东、河南、江苏、河北、山西、辽宁、安徽、陕西、福建和湖北等省份，累计推广父母代种鸡 3 800 万套，与其他品种相比每套可增收 30 元，能为养殖企业带来较好的经济效益，具有广阔的推广前景。

圣泽 901 白羽肉鸡配套系

扫码看品种图

证 书 号：农 09 新品种证字第 91 号

培育单位：福建圣泽生物科技发展有限公司

东北农业大学

福建圣农发展股份有限公司

圣泽 901 白羽肉鸡配套系由福建圣泽生物科技发展有限公司、东北农业大学和福建圣农发展股份有限公司利用国外引进的白羽肉鸡为育种素材，培育出的四系配套白羽肉鸡自别雌雄配套系。该品种具有本土适应性强、遗传稳定，父母代种鸡产蛋率、种蛋合格率、受精率和孵化率高，商品代肉鸡增重快、产肉多、饲料转化效率高等特点，适合在我国各地区饲养。

一、培育背景

我国肉鸡生产起始于 20 世纪 80 年代，经过三十多年的发展，已发展成为我国畜牧业中节粮、高效和集约化、标准化程度最高的产业之一。目前，白羽肉鸡是国内畜禽产品产量居第 2 位的品类，是国内动物蛋白的重要组成部分。然而，中国白羽快大型肉鸡育种长期处于空白状态，白羽肉鸡种源完全依赖进口，严重影响我国白羽肉鸡产业的安全，也严重影响了白羽肉鸡产业的经济效益。为了扭转种源长期受制于人的不利局面，提升我国现代肉鸡种业发展水平，促进肉鸡产业持续健康发展，拥有自主培育的国产白羽肉鸡新品种是支持国家白羽肉鸡品种资源实现自有化的国家战略，助力国家在本行业实现伟大的"中国芯"梦想，社会效益巨大、意义深远。

二、外貌特征特性

圣泽 901 白羽肉鸡配套系父母代公鸡为快羽，成年公鸡全身羽毛为白色，体型丰满，单冠红色，胫色为黄色，皮肤为白色或淡黄色，喙为黄色。父母代母鸡为慢羽，全身羽毛为白色，体型丰满，单冠红色，胫色为黄色，皮肤为白色或淡黄色，喙为黄色，蛋壳颜色为褐色；商品代肉鸡可根据羽速自别雌雄，公鸡为慢羽，母鸡为快羽，全身羽毛为白色，体形呈丰满的元宝形，单冠，冠叶较小，冠、脸、肉垂与耳叶均为鲜红色，皮肤与胫部为黄色，眼睛虹膜为褐（黑）色。

三、父母代种鸡和商品代肉鸡的生产性能

圣泽 901 白羽肉鸡配套系父母代种鸡 0～24 周龄存活率 96％左右，25～66 周龄产蛋期存活率为 92％左右，170 日龄左右开产，开产体重约为 3 180g，31 周龄达到产蛋高峰，高峰产蛋率为 85％左右；66 周龄每只入舍母鸡累计产蛋数为 180～190 枚，全期种蛋合格率 95％～97％，全期种蛋受精率 86％～90％，全期受精蛋孵化率 94％～96％，66 周龄每只入舍母鸡产雏数 150～160 只。商品代肉鸡生长速度快、产肉多，42 日龄公鸡体重为 2 900～3 100g，母鸡体重为 2 500～2 700g。公母鸡混养，42 日龄出栏存活率 96％左右，平均体重 2 700～2 900g，料重比 1.62∶1，均匀度 60％以上，屠宰率 92.7％，半净膛率 88.7％，全净膛率 78.3％，胸肌率 23.9％，腿肌率 16.7％，腹脂率 1.3％。

四、主要创新点

（1）圣泽 901 白羽肉鸡配套系是我国首批自主培育的适合国内饲养条件的白羽肉鸡新配套系，率先打破了国外种源垄断，将为提升我国现代肉鸡种业发展水平、促进肉鸡产业持续健康发展做出突出贡献。

（2）利用了研发的表型智能化精准测定设备，对饲料转化效率、繁殖性状实施了大规模的个体精准选育，饲料转化效率和繁殖性能得到显著提高，主要生产性能不低于国外进口品种。圣泽 901 配套系父母代种鸡性能比国外进口品种每只入舍母鸡多产 10 个商品雏鸡，商品肉鸡出栏体重比国外进口品种多 220g，缩短了商品代肉鸡的出栏日龄，显著提高了饲养效率，节约了社会资源，饲养经济效益显著。

五、成果推广

圣泽 901 白羽肉鸡配套系父母代种鸡繁殖力高，种蛋生产成本相对低，产雏数多；商品代肉鸡生长速度快、饲料转化效率高，适合我国各地区推广应用。大规模生产数据结果表明，该配套系生产性能稳定，综合性能不低于国外进口品种，具有广阔的推广应用前景。2021 年商品代肉鸡在全国推广量约为 5 亿只，同类产品市场占有率约为 10％。

益生 909 小型白羽肉鸡配套系

扫码看品种图

证 书 号：农 09 新品种证字第 92 号
培育单位：山东益生种畜禽股份有限公司

由山东益生种畜禽股份有限公司经过科学系统选育和杂交配套而成的益生 909 小型白羽肉鸡配套系，与现有 817 等其他小型白羽肉鸡相比具有生长速度快、成活率高、适应性广、抗病能力强、疫病净化彻底等特点，能较好满足市场对小型白羽肉鸡的喜好和需求。益生 909 小型白羽肉鸡配套系采用三系配套，以 A 系为终端父本，C 系为母本父系，D 系为母本母系。其中 A 系主选生长速度、料重比和屠宰率，C 系和 D 系主选繁殖性能和抗逆性。经过多个世代的闭锁选育，目前各品系遗传性能稳定，且主选性状均有明显改良和提高。

一、培育背景

以大型白羽肉鸡父系公鸡作父本、蛋鸡商品代作母本杂交生产小型白羽肉鸡的商业模式，自 20 世纪 80 年代中后期起，用于所谓 817 的生产。随着蛋鸡产蛋量的不断改良与提高，以及肉鸡端体重和料比的快速改进，817 雏鸡生产成本低廉、长速适中、肉品良好的特点越发突出。因此在经历 30 多年的风风雨雨后，小型白羽肉鸡已然成为我国继快大型白羽肉鸡和有色羽鸡后的第三大肉鸡主导类型，并大有形成三足鼎立之势。据中国畜牧业协会《中国禽业发展报告》统计，2020 年小型白羽肉鸡全年出栏量为 16.71 亿只，约占全国鸡肉产量的 9.72%。然而随着时间的推移，817 肉鸡制种不规范、父本的制约因素、种源性疾病的困扰、雏鸡质量参差不齐、商品代群体均匀度差等问题，成了小型白羽肉鸡进一步发展的重大制约因素。随着社会的快速进步和新消费势力的形成，低抗乃至无抗养殖的社会需求越发迫切，而且由于大部分地区限制甚至禁止活鸡上市，小型白羽肉鸡大有进一步大量替代快大型黄羽肉鸡的趋势。因此益生 909 应运而生，而且它的育成和推广为小型白羽肉鸡中后期的持续生长提供了重要动力和机遇。

二、外貌特征特性

益生 909 小型白羽肉鸡配套系父母代成年公鸡羽色纯白，体型大，胸宽背阔，冠、肉垂鲜红色，单冠直立，冠齿 5～9 个，皮肤、喙、胫、趾呈黄色。父母代母系可根据羽色自别雌雄，公雏为白羽，母雏为褐羽。成年母鸡的颈羽、背羽及鞍羽为黄褐色，主翼羽、腹羽和尾羽有部分白色，单冠红色、冠齿 5～8 个，肉髯红色，皮肤、喙、胫、趾呈黄色。商品代肉鸡可根据羽速自别雌雄，慢羽为公雏，快羽为母雏，公母鸡全身羽毛白色，间或有不同覆盖比例的褐色羽毛个体（<0.3%）。出栏公鸡体型中等、冠大、冠齿 6～9 个，肉垂、耳叶鲜红色，皮肤、喙、胫、趾黄色。母鸡体型较圆润，冠、肉垂、耳叶鲜红色，冠齿 5～9 个，皮肤、喙、胫、趾黄色。

三、父母代种鸡和商品代肉鸡的生产性能

益生 909 小型白羽肉鸡配套系父母代种鸡 135～138 日龄达 5% 开产，开产体重约 1 900g，成年体重为 2 400～2 500g。通常在 24～26 周龄达到产蛋高峰，66 周龄入舍母鸡产蛋量 270 枚，全期种蛋合格率 93.6%，受精率 96.8%，累计产健雏数 218 羽。

商品代笼养条件下 42 日龄混合雏平均体重 1 512g，料重比 1.61：1；49 日龄体重 1 877g，料重比 1.75：1。农业农村部家禽品质监督检验测试中心（扬州）平养条件下的测定结果是，公鸡 49 日龄体重 1 802g，料重比 1.80：1，全净膛率 71.8%，胸肌率 19.3%，腿肌率 20.9%；母鸡 49 日龄体重 1 580g，料重比 1.92：1，全净膛率 70.5%，胸肌率 21.5%，腿肌率 21.1%。

四、主要创新点

1. 整合了两套公母自别系统

益生 909 小型白羽肉鸡配套系的父母代母系可以羽色准确自别公母。这与褐壳蛋鸡商品代的鉴别

类似，公雏为白羽，母雏为褐羽。除此之外，商品代可以通过羽速准确鉴别公母：慢羽为公雏，快羽为母雏。这样的设计为有公母雏分开饲养需求的客户提供了方便。

2. 父母代完全有别于普通蛋鸡

益生 909 父母代母鸡为两系配套而成，普通蛋鸡母鸡通常为四系或三系配套而成；益生 909 父母代母鸡的体型比重型蛋鸡还要大，其开产体重（5% 产蛋率）约为 1 900g，66 周龄体重一般在 2 400～2 500g，这是普通蛋鸡不可比拟的。相对较大的体型，为商品代中后期生长潜力提供了良好的遗传基础。产蛋量（66 周龄 270 枚）虽然比普通蛋鸡少一些，但差距不大。

3. 选育进展明显

在经历了多个世代的系统选育后，各品系的主要生产性能都得到了明显提高。这些提高在父母代和商品代中都得到了充分体现。

4. 选育工作和疫病净化紧密结合

在垂直传播性疾病控制方面，通过早期的努力，使我们的选育工作基本无后顾之忧。虽然我们做到了禽白血病、沙门氏菌病（含白痢和肠炎等）和支原体病的彻底净化，但我们与禽类疫病斗争是个长期的过程，一批、一处、一刻都不会放松。

5. 产品性能优秀并在中试推广中得到进一步验证

在种鸡层面，无论是山东益生种畜禽股份有限公司内部自养，还是在条件相对多变的不同客户中饲养，父母代种鸡都展现出了令人满意的繁殖性能，产蛋数已经能超过蛋种鸡父母代的水平。与 817 比较，益生 909 小型白羽肉鸡配套系的商品鸡在体重和饲料转化效率方面都有明显优势，而且在出栏体重大于 1.5kg 时，优势会更加明显，一般会提前 2～5d 达到指定的出栏体重，料重比则会低 0.02～0.08，甚至更多。

五、成果推广

益生 909 小型白羽肉鸡配套系父母代表现出存活率高、繁殖性能优秀的特点。商品代肉鸡具有存活率高、生长速度快、净化水平高、用药成本低（可达到无抗养殖）、雏鸡均匀度高、口味与普通 817 无差异等特点，适合在我国不同区域推广应用，能为养殖户提供更好养殖效益的同时，也为我国节约可观的饲料、人工、场地等资源。截至 2022 年 12 月底，山东益生种畜禽股份有限公司直接销售推广的商品代肉鸡数量已超过 1.8 亿羽，父母代种鸡 190 万羽。市场推广表明，该配套系深受生产者及消费者的喜爱，市场占有率不断上升。

农金1号蛋鸡配套系

扫码看品种图

证 书 号：农 09 新品种证字第 92 号
培育单位：北京中农榜样蛋鸡育种有限责任公司

农金 1 号蛋鸡配套系是北京中农榜样蛋鸡育种有限责任公司培育的高产粉壳蛋鸡配套系。主要用于满足现代化、规模化养殖模式下市场不断增加的对产蛋持久力、适应性强的粉壳蛋鸡品种的需求。配套系采用三系配套。

一、培育背景

随着我国蛋鸡养殖业现代化、规模化的不断发展，蛋鸡市场趋向多元化，我国大型蛋鸡规模化养殖场更需要蛋重、体型中等、产蛋持久力强、生活力强的粉壳蛋鸡品种。作为国家蛋鸡核心育种场之一的北京中农榜样蛋鸡育种有限责任公司利用多年积累的育种素材，一直致力于培育适合市场需求的蛋鸡配套系。

二、外貌特征特性

终端父本成年羽毛为褐羽、羽速为快羽，体型中等；第一父本为显性白羽、羽速为慢羽，体型较轻；母本为显性白羽、羽速为快羽，体型较轻。

商品代初生雏鸡脸部绒毛棕红色，背部绒毛棕红色。母鸡为快羽，产深粉色蛋，体型中等，结构紧凑。躯干羽色以红花羽为主，尾羽为白羽。头小，红色直立单冠，冠型偏大。肉髯鲜红，冠齿 6～9 个。喙黄色，虹膜黄褐色，耳叶白色，皮肤白色，胫、趾呈黄色。

三、父母代种鸡和商品代蛋鸡的生产性能

农金 1 号蛋鸡配套系父母代种鸡至 72 周龄累计入舍鸡产蛋数为 315～326 个，饲养日产蛋数可达 319～329 个，高峰产蛋率 96% 以上。0～18 周龄存活率 98% 以上，产蛋期存活率 95% 以上，全期入孵蛋孵化率在 88% 以上。"农金 1 号"商品代蛋鸡 160 日龄可达产蛋高峰，最高产蛋率可达 97% 以上，90% 以上产蛋率维持时间 8～10 个月。至 72 周龄累计饲养日产蛋数达 330 个，饲养期成活率 94% 以上。

四、主要创新点

1. 强化了蛋壳颜色和亮度的选择

将 L、a、b 三种色度值建立模型分析，用于农金 1 号蛋鸡配套系蛋壳颜色的选育，提高了蛋壳颜色选择的准确性，使得商品代蛋鸡蛋壳颜色更均匀、油亮。

2. 提高了性状选育的准确度

农金 1 号蛋鸡配套系应用 BLUP 方法预测育种值，对于关键性状采用"先留后选"与"先选后留"相结合的办法进行选择，同时延长核心群测定周期，优化延期测定指标在选择上的应用办法，加快了选育进展，提升了品种性能。

五、成果推广

农金 1 号蛋鸡配套系的培育填补了我国中等蛋重蛋品领域的一大空白，同时丰富了我国蛋鸡品种的多样性。平均蛋重 59g，蛋壳颜色深粉，淘汰鸡体重 1.9～2.1kg。农金 1 号蛋鸡配套系竞争优势明显，适合在全国范围内推广应用，市场前景广阔。饲养试验证明，标准化、规模化的饲养模式更能发挥其生产性能。当前，该配套系已在河北、山东、湖北、江苏等主要蛋鸡养殖区饲养，市场占有率快速上升。

广明 2 号白羽肉鸡配套系

扫码看品种图

证 书 号：农 09 新品种证字第 94 号

培育单位：中国农业科学院北京畜牧兽医研究所

佛山市高明区新广农牧有限公司

广明 2 号白羽肉鸡配套系是由中国农业科学院北京畜牧兽医研究所和佛山市高明区新广农牧有限公司共同培育而成的，经过科学系统选育和杂交配套试验，采用了基因组选择等新技术，提高了选种准确性和遗传进展。广明 2 号采用三系配套方式制订育种规划，终端父系以生长速度、料重比、产肉率为主选性状，结合步态评分等指标综合选育提高；母系以产蛋性能为主选性状，结合早期生长速度、剩余采食量等指标选育提高。持续开展配合力测定，筛选杂交优势显著的配套组合。经过多个世代的强化选育，每个品系的主要性状均有明显改良，遗传性能趋于稳定，配套系具有生长速度快、料重比低，主要生产性能与国际品种持平，同时料重比和肉品质方面相比较国际品种具有优势。该配套系于 2021 年 12 月通过国家畜禽遗传资源委员会的审定，获得畜禽新品种（配套系）证书，编号为（农 09）新品种证字第 94 号。广明 2 号白羽肉鸡配套系是首批通过审定的 3 个白羽肉鸡新品种之一，标志着我国白羽肉鸡自主育种取得实质性突破，为打破西方种源垄断，保障我国家禽种源安全、产业安全和生物安全做出突出贡献。

一、培育背景

我国肉鸡产业经过 40 多年的发展，出栏量达世界第一位，鸡肉已成为全国第二大消费肉类。我国肉鸡主要分为白羽肉鸡、黄羽肉鸡和小型白羽肉鸡三种类型，其中白羽肉鸡年出栏约 50 亿只，鸡肉产量占总产量的 50% 以上，具有料重比优、生长速度快、生产效率高等显著优势，是畜牧业乃至农业中产业化、规模化、市场化程度最高的产业，在保障肉类供应、节约粮食和资源方面发挥重要作用。但全球白羽肉鸡品种由国际家禽巨头控制，我国每年引进祖代种鸡 80 万～120 万套用于生产，种源完全依赖进口。在 20 世纪 90 年代，国内开展了白羽肉鸡育种工作，培育的艾维茵肉鸡一度占有白羽肉鸡 50% 以上的市场份额。进入 21 世纪，我国白羽肉鸡育种中断，生产中使用的良种全部从国外引进。后来，在《全国肉鸡遗传改良计划（2014—2015）》的推动下，我国白羽肉鸡在育种技术研究、新品系培育、疾病净化等方面取得了较大的进展。

佛山市高明区新广农牧有限公司简称（新广公司）自 2010 年开始，引进优良素材。2014 年开始与中国农业科学院北京畜牧兽医研究所（以下简称牧医所）合作培育了 6 个专门化品系。新广公司投入大量资金，建成了设施设备先进、生物安全一流的白羽肉鸡育种场、扩繁场。牧医所设计开发了国内第一款肉鸡 55K SNP 芯片，研发的基因组选择技术最早应用于白羽肉鸡的选育，建立了白羽肉鸡饲料效率、产蛋数等基因组选择方案，快速提高了选育进展。

2019 年农业农村部实施了"国家畜禽良种联合攻关计划（2019—2022 年）"（农办种〔2019〕17号），设立了"白羽肉鸡育种联合攻关任务"。由新广公司牵头、牧医所文杰研究员任首席科学家，联合华南农业大学、山东民和牧业股份有限公司、山东凤祥股份有限公司，通过强化种业体制机制创新，推进科研与生产、市场的深度融合，开展白羽肉鸡自主品种培育，解决种源卡脖子问题。在联合攻关计划的大力支持下，广明 2 号白羽肉鸡配套系最终于 2021 年 12 月完成审定。

二、外貌特征特性

广明 2 号白羽肉鸡采用三系配套。按照三级繁育体系，纯系及其扩繁群生产祖代种鸡，祖代制种后生产父母代种鸡，父母代种鸡杂交后生产商品鸡。

终端父系来源于科尼什品种，白羽肉鸡祖代父系杂交合成。全身羽毛白色，胸宽背阔；单冠；皮肤白色，喙、胫、趾呈浅黄色。

母系父本来源于白洛克品种，白羽肉鸡祖代母本父系杂交合成。全身羽毛白色，胸宽背阔，冠、肉髯鲜红色，单冠直立，皮肤白色，喙、胫、趾呈浅黄色。

母系母本来源于白洛克品种，白羽肉鸡祖代母本杂交合成。全身羽毛白色，胸宽背阔，冠、肉髯鲜红色，单冠直立，皮肤白色，喙、胫、趾呈浅黄色。

父母代公鸡同终端父系公鸡，母鸡全身羽毛白色，体型较大；冠、肉髯鲜红色，单冠直立，冠齿

5～8个，皮肤、喙、胫、趾呈黄色。成年母鸡体重3.13～3.36kg、体斜长26.0～27.0cm、龙骨长14.5～15.5cm、胫长6.5～7.5cm、胫围5.0～6.0cm。

商品代肉鸡全身羽毛白色，冠、肉髯鲜红色，单冠直立，皮肤白色，喙、胫、趾呈浅黄色。6周龄群体均重2.90～3.20kg、体斜长26.5～27.5cm、龙骨长16.2～17.5cm、胫长6.0～7.0cm、胫围4.8～5.9cm。

三、父母代种鸡和商品代肉鸡的生产性能

广明2号白羽肉鸡配套系父母代种鸡成年公母鸡均为白色羽毛、单冠、冠红、胫色黄、肤色白。父母代母鸡主要性能为：育雏、育成期成活率为94.0%～96.0%，产蛋期成活率为93.0%～95.0%，66周龄每只入舍母鸡累积产蛋数170～180个，全期种蛋合格率92.0%～94.0%，种蛋受精率92.0%～93.0%，66周龄提供健雏数140～150只。

广明2号白羽肉鸡配套系商品代肉鸡39～42日龄出栏，全期成活率90.0%～95.5%，全身白羽、单冠、肤白色，公母鸡平均出栏体重2 550～2 900g，料重比为（1.44～1.65）：1，全净膛率73.8%～75.7%，胸肌率24.1%～24.8%，腿肌率24.5%～24.8%。

四、主要创新点

1. 构建多项精准表型测定技术

广明2号白羽肉鸡配套系选育过程中，采用了多项自主研发的技术，包括产蛋个体扫码采集、腿骨发育X光测定、胸肌重超声波测定、异质肉活体评估方法等，通过以上技术显著提高了采集数据的精准度，减少了工作量。结合自主设计的育种数据管理云平台，实现了自动表型收集、数据处理和系谱构建，极大地提高了遗传选择的准确性和效率。

2. 基因组育种体系的构建

国内首个利用基因组选择技术的白羽肉鸡品种，基于国内自主研发的基因芯片"京芯一号"，通过整合选育核心群的显著基因或位点，建立了育种值评估新方法，同时制订专门化品系的基因组选择方案，对饲料报酬、产蛋性状等遗传评估准确性提高了5.41%～24.5%，相较于常规选育方法效率提升2倍以上，大大地缩短了选育世代。

3. 种鸡饲养和免疫

种鸡采用了高效笼养技术，鸡舍采用正压通风过滤及后端除尘系统，舍内温差小、湿度可控，进风过滤消毒，减少了环境因素对种鸡的影响，有效控制了疾病的发生，同时围绕孵化、生产、免疫等多个环节制订了疫病监测方案，保证种源健康。

五、成果推广

经过地方畜牧行政主管部门批准，广明2号白羽肉鸡配套系在山东省和广东省进行了中试饲养，合计中试数量为234.4万只。通过大群体饲养，已出栏肉鸡的生产性能为：39～41日龄公母鸡平均体重2.38～2.55kg（12h空腹），40～42日龄公母鸡平均带料体重2.80～3.05kg，料重比（1.44～1.65）：1，成活率90.0%～95.5%，欧洲效益指数355～397，与同批饲养的罗斯肉鸡性能持平（欧洲效益指数377～410），具有很好的推广应用前景。

广明2号白羽肉鸡配套系在育种新技术研究与应用、专门化品系培育、疾病净化等方面取得了较大的进展，建立了白羽肉鸡育繁推技术体系，推进了科研与生产、市场的深度融合。该配套系的育成和推广，不仅实现了我国白羽肉鸡种源破卡问题，同时将有力提升白羽肉鸡产业的核心竞争力。

沃德 188 肉鸡配套系

扫码看品种图

证 书 号：农 09 新品种证字第 95 号

培育单位：北京市华都峪口禽业有限责任公司

中国农业大学

思玛特（北京）食品有限公司

沃德188肉鸡配套系是由北京市华都峪口禽业有限责任公司，联合中国农业大学和思玛特（北京）食品有限公司共同培育的笼养型快大白羽肉鸡配套系，主要满足白羽肉鸡分割市场需求和未来肉鸡集约化笼养发展趋势。配套系采用三系配套方式，具有早期体重增速快、产肉多、适应能力强且性能稳定等特点。

一、培育背景

我国肉鸡产业经过30多年的发展，已成为畜牧业的支柱产业。2021年我国肉鸡总出栏量达125亿只，其中快大型白羽肉鸡出栏量68亿只，占比54%。然而近16年来，我国快大型白羽肉鸡100%依赖进口，种源受制于人，不利于我国家禽产业的健康有序发展。种业作为国家基础性、战略性的核心产业，是关系国家战略安全的根本所在。农业农村部两次发布《全国肉鸡遗传改良计划》，支持鼓励开展白羽肉鸡自主育种工作，培育满足市场需求、性能先进的国产白羽肉鸡新配套系，解决我国白羽肉鸡种源受制于人的局面。因此，培育具有自主知识产权的白羽肉鸡配套系是突破核心种源"卡脖子"技术瓶颈的必由之路。

二、外貌特征特性

沃德188肉鸡配套系父母代种公鸡白羽，快羽，单冠，喙和胫为黄色，皮肤白色或淡黄色，体重大，体躯坚实，胸肌发达。父母代种母鸡白羽，慢羽，单冠，皮肤、喙和胫均为黄色，羽毛短而密，体躯中等偏大。

沃德188肉鸡配套系商品代雏鸡羽速自别雌雄，慢羽为公鸡，快羽为母鸡。雏鸡羽毛为黄色或浅黄色，随日龄增长，至8日龄左右开始换羽，羽色逐渐变为白色。成年鸡群全身白羽，单冠，喙和胫为黄色，皮肤为白色或淡黄色，体躯坚实，体型较大，胸、腿部肌肉发达。

三、父母代种鸡和商品代肉鸡的生产性能

沃德188肉鸡配套系父母代种鸡繁殖力强，66周龄只鸡可提供健雏数152只。商品代肉鸡早期体重增速快，6周龄公鸡体重可达3.2kg以上，母鸡可达2.8kg以上；适应能力强，成活率高，全程成活率达97%以上；饲料转化效率高，公母鸡平均料重比为1.55：1左右；产肉多，胸肌率占活体重的23%，翅膀率占活体重的7.5%以上。

四、主要创新点

（1）利用同胞测定鸡群数据，对育种核心群进行选育，既提升了早期性能选择准确性，又保证了育种核心群繁殖性能，提高选育效率。

（2）利用物联网技术，将条形码、二维码等图像识别技术与数据采集设备集成，自主研发产蛋采集系统和体重测定系统，实现数据的自动采集、实时远程传输、校验和保存，确保数据准确性在99.97%以上，数据采集效率提高50%以上。

（3）利用运筹学中指派问题的求解算法，制订最优的选配方案，实现优异亲本对后代的遗传贡献最大化，增加生产群体的良种数量，获得良好的遗传进展，且在组配过程中降低母禽调笼工作量，并保持群体遗传多样性，在保证育种可持续性前提下最大限度提高后代生产性能。

（4）创新禽白血病检测方法，将国际上检测疾病的金标准——病毒分离技术应用于净化程序。同时研发出了既能达到切断禽白血病传播途径，又能为纯系鸡育雏期间提供良好生长环境的饲养设备，包括育雏笼具设计、雏鸡开食料槽设计和肉种鸡笼的设计等，以便有效地控制垂直传播性疾病水平传播，确保净化效果。

五、成果推广

沃德 188 肉鸡配套系是我国首批通过国家审定的快大型白羽肉鸡新配套系之一，填补了国内快大型白羽肉鸡自主品种的空白，突破了白羽肉鸡核心种源"卡脖子"技术瓶颈，扭转了种源长期受制于人的不利局面。

沃德 188 肉鸡配套系于 2019 年经山东省畜牧局批准开展中间试验，截至 2020 年年底，在山东省累计中试商品代 211 万只，中间试验结果表明，沃德 188 肉鸡商品代新增收益约 1.5 元/只。自 2021 年 12 月获国家畜禽新品种（配套系）证书以来，已在全国范围推广，主要推广地区包括山东、河北、辽宁、河南、黑龙江及吉林等省份。累计推广沃德 188 父母代 106.3 万套，商品代 201.8 万只；并于 2023 年 6 月 16 日实现沃德 188 父母代种鸡首次出口非洲，迈开走向国际市场、参与全球竞争的第一步。

农湖 2 号蛋鸭配套系

扫码看品种图

证 书 号：农 10 新品种证字第 10 号

培育单位：湖北农科智研科技发展有限公司

　　　　　湖北离湖禽蛋股份有限公司

　　　　　湖北省农业科学院畜牧兽医研究所

农湖 2 号蛋鸭配套系是湖北农科智研科技发展有限公司、湖北离湖禽蛋股份有限公司和湖北省农业科学院畜牧兽医研究所联合培育的蛋鸭配套系。主要针对养殖环节要求提高蛋鸭产蛋性能，加工环节要求提高蛋壳质量、降低加工破损率的市场需求，以地方蛋鸭品种资源为素材，利用现代育种技术，经过 8 个世代的闭锁选育及配合力测定，培育出的高产蛋鸭配套系。农湖 2 号蛋鸭配套系采用三系配套方式，遗传性能稳定，商品代蛋鸭具有产蛋性能高、青壳率高、蛋重适中、适合加工、笼养适应性好等特点。

一、培育背景

我国的蛋鸭养殖量居世界第一位，湖北省是我国蛋鸭养殖大省，蛋鸭存栏约 3 000 万只，年产鲜鸭蛋近 28 万 t，从事蛋鸭养殖及相关从业人员达 4.5 万人，蛋鸭产业每年为农民增收 6.0 亿元左右。湖北省的鸭蛋加工产品品质优良，并得到国内外同行业公认，蛋鸭养殖与蛋品加工既是湖北省的传统产业，也是湖北省的优势产业。湖北省鸭蛋加工技术在全国处于领先地位，蛋品销售网络发达。但是湖北省的蛋鸭品种不能满足鸭蛋加工行业的生产需要：国内优秀蛋鸭品种（配套系）对湖北的气候适应性不强，不符合当地农民的饲养习惯及蛋品加工企业需求，而湖北地方蛋鸭品种有荆江鸭、沔阳麻鸭等，以产白壳蛋为主、青壳率不到 30%、蛋壳较薄、在运输和加工过程中破损率高达 15%，在一定程度上制约了湖北省蛋鸭生产和加工水平的进一步提高。培育出适合湖北地区高温高湿气候条件、产蛋性能高的青壳蛋鸭配套系是目前满足湖北省蛋鸭产业发展及蛋品加工需求的必经之路。

二、外貌特征特性

农湖 2 号蛋鸭配套系三个品系均为麻羽群体，羽色深浅、喙色、蛋壳颜色、体重等指标存在较为明显的差异，而其他体型外貌间无显著区别。商品鸭初生雏鸭的绒毛黄麻色相间，随年龄增长而羽色变浅并换羽，成年鸭的羽毛为麻羽。成年个体体型较小，体躯狭长，颈较细，背部平直，腹部较大，臀部丰满下垂；全身羽毛麻色；喙、胫、蹼以黄色为主；蛋壳颜色为青色。

三、父母代种鸭和商品代蛋鸭的生产性能

父母代种鸭 118 日龄开产，平均蛋重 66.0g，43 周龄体重 1 487g，66 周龄合格种蛋数 217 个，入孵蛋孵化率 83%。

商品代蛋鸭 0~16 周龄成活率 97.6%，17~72 周龄成活率 94.3%，113 日龄开产，饲养日产蛋数 324.1 个，平均蛋重 66.7g，产蛋总重 21.4kg，产蛋期料蛋比 2.63∶1，青壳率 95.2%，72 周龄体重 1 520g。

四、主要创新点

1. 整合优势资源，提升品种性能

整合国内地方鸭品种资源优势，山麻鸭小体型产蛋多，绍兴鸭高产，攸县麻鸭体型小开产早，金定鸭青壳率高，荆江鸭环境适应性强，为配套系选育奠定良好遗传基础，提升了品种性能。

2. 提升鸭蛋品质，适应加工需求

农湖 2 号蛋鸭配套系鲜鸭蛋品质得到提升，蛋重适中，均匀度好，蛋壳厚度、强度、蛋黄比例提高，降低运输与加工过程中的破损率，提高了加工蛋品品质，助推蛋鸭产业提质增效。

3. 提高应激抗性，品种适宜笼养

筛选获得表征蛋鸭笼养应激水平的代谢标志物，采用 ELISA 方法检测应激标志代谢物的代谢水平和变化规律，辅助留种应激抗性强的个体，提高了配套系的抗应激能力和笼养适应性。

五、成果推广

农湖 2 号蛋鸭配套系商品代具有体重较小、产蛋性能高、青壳率高、蛋重适中、适合加工等特点，适合我国大部分区域饲养；同时该配套系还具有笼养性能良好的特点，也适合放养、圈养等多种养殖模式。市场推广表明，在蛋鸭产业由传统粗放散养向规模化养殖转型升级的关键时期，农湖 2 号蛋鸭配套系符合当前市场需求，具有广阔的推广应用前景。

农湖 2 号蛋鸭于 2021 年通过品种审定，逐步建立了良种繁育体系，目前祖代存栏 1 万套，在湖北省及周边地区推广父母代种鸭 10 万套，累计推广商品代蛋鸭 500 万只，农民养殖农湖 2 号蛋鸭新增产值 17.5 亿元，新增利润 2.0 亿元。

京典北京鸭配套系

扫码看品种图

证 书 号：农 10 新品种证字第 11 号

培育单位：北京南口鸭育种科技有限公司

中国农业大学

北京金星鸭业有限公司

京典北京鸭配套系是由北京南口鸭育种科技有限公司、中国农业大学和北京金星鸭业有限公司联合培育的烤制专用肉鸭配套系。主要是针对大众烤鸭市场需求，在保证商品鸭烤制品质前提下，提升生产效率。配套系采用三系配套方式，三个品系均是由原种北京鸭培育而成的专门化品系，经过多个世代的强化选育，每个品系的主要性状均有明显改良，遗传性能趋于稳定。

一、培育背景

北京烤鸭是我国最具饮食文化特色的名片之一，其独特的烤制过程对皮脂率有较高要求。以填饲为主的北京鸭具有很高的皮脂率、优良肉品质。近年来，随着全国烤鸭消费量增加，年总消费量达到1.5亿只以上，但是70%左右的烤鸭原材料是以快大型、瘦肉型北京鸭为主，这些快大型的肉鸭养殖成本低，但是烤鸭品质达不到消费者需求。随着消费水平的提高，居民饮食的多元化，烤鸭也逐渐从高档的宴席走进了平常百姓的餐桌，培育出满足大众市场需求的烤鸭配套系，兼顾生长速度、皮脂率、肉品质等经济指标，是对肉鸭种业的迫切需求。

二、外貌特征特性

京典北京鸭配套系使用的三个品系主要外貌特征与原种北京鸭相似，三个品系群体仅在体型、体重及肉品质等指标存在较为明显的差异，而体态、外貌间并无显著区别。初生雏鸭的绒毛为金黄色，随年龄增长而羽色变浅并换羽，成年鸭的羽毛为白色。喙扁平，上下腭边缘呈锯齿状角质化突起，颜色为橙黄色，喙豆为肉粉色，胫和脚蹼为橙黄色或橘红色。母鸭开产后喙、胫和脚蹼颜色逐渐变浅，喙上出现黑色斑点，随产蛋增加，斑点增多，颜色变深。体形硕大丰满，体躯呈长方形，前部昂起，与地面成30°~40°角，背宽平，胸部丰满，两翅紧缩。头部卵圆形、无冠和髯，颈粗，长度适中，眼明亮，虹彩呈蓝灰色。

三、父母代种鸭和商品代肉鸭的生产性能

京典北京鸭父母代种鸭的生产性能和现有品种的白羽肉鸭相当，66周龄入舍鸭产蛋数达到231个，饲养日产蛋数达到243个，全期入孵蛋孵化率在89%以上，健雏率在96%以上。京典北京鸭配套系的商品肉鸭生长速度快，35日龄达到出栏体重3.1kg；饲料报酬高，饲喂标准商用肉鸭饲料，料重比为2.0：1左右；生活力强，全程成活率98%以上；胴体品质好，皮脂率达到32%以上，胸肌率为10%，均达到烤鸭坯标准。

四、主要创新点

（1）利用联合研发的先进肉鸭性能测定设备，对饲料转化效率实施了大规模的个体精准选育，饲料转化效率显著提高，预计每只出栏肉鸭节约饲料成本1.8~2.7元。

（2）商品代肉鸭的皮脂性状更符合大众烤鸭店对鸭坯的需求。通过对皮脂性状有针对性地选择，兼顾了皮脂性能与产肉性能，优化了作为烤鸭原料的质量，满足了不同消费市场需求。

（3）在达到烤鸭原料需求的前提下，商品代肉鸭自由采食上市日龄缩短为35日龄，在同类烤鸭专用品种中上市日龄最短，显著提高了饲养报酬，节约社会资源，饲养经济效益显著。

五、成果推广

京典北京鸭配套系父母代种鸭繁殖力高，种蛋生产成本相对低，商品代肉鸭生长快速，饲料报酬高，皮脂率高，适合在我国不同区域推广应用，能为养殖户提供更好养殖效益的同时，也为我国节约

可观的饲料、人工、场地等资源。2021 年中试推广以来，已经累计推广"京典北京鸭"商品代 6 000 万只，累计新增产值 18 亿元，直接新增经济效益 1.08 亿元，市场稳步上升，已经占据烤鸭市场的 15％左右。市场推广表明，该配套系深受生产者、消费者的喜爱，已销往北京、山东、河北、广东等多个省（直辖市），市场占有率快速上升。

第二篇　畜禽遗传资源

豫 西 黑 猪

扫码看品种图

豫西黑猪（Yuxi Black pig），是我国猪地方品种之一，经济类型属于肉脂兼用型。

一、一般情况

（一）中心产区及分布

豫西黑猪中心产区位于河南省洛阳市栾川县潭头、合峪、庙子、三川、冷水、陶湾、叫河、狮子庙等乡镇和卢氏县潘河、官道口、五里川、朱阳关、瓦窑沟、狮子坪、双槐树、官坡、汤河等乡镇。栾川和卢氏其他乡镇及洛阳市的嵩县、洛宁，三门峡灵宝等县（市）也有分布。

（二）产区自然生态条件

栾川县和卢氏县东西接壤，地处豫西伏牛山区，属暖温带大陆性季风气候。

栾川县位于北纬33°39′—34°11′、东经111°11′—112°01′。境内海拔450～2 212.5m，最高点为龙峪湾鸡角尖，最低点为潭头镇汤营村伊河出境处。县城海拔750m，是河南省海拔最高的县城。地势西南高、东北低，地貌有中山、低山和河谷三种类型。境内有伊河、小河、明白河、淯河四条较大的河流，分属黄河和长江水系。年平均日照时数2 112.4h，年平均降水量842.4mm，年平均气温12.2℃，夏季平均气温20.6℃，无霜期210d左右。土质以褐土、棕壤土、黄棕壤土为主，适宜多种农作物、林木、灌木和牧草生长。粮食作物主要有小麦、玉米、甘薯、大豆等。经济作物有棉花、烟叶、中药材、花生、油菜、芝麻、向日葵等。饲草饲料主要有青干草、甘薯秧、花生秧、树叶等。

卢氏县位于北纬33°33′—34°23′、东经110°35′—111°22′。境内海拔482～2 057.9m，最高点为玉皇尖，最低点在山河口。地势西高东低，南高北低，主要由中山、低山、丘陵和河谷盆地组成。境内河流主要有洛河、杜荆河、老鹳河、淇河等，分属黄河、长江两大水系。年平均气温12～13.4℃，年平均降水量692.9mm，相对湿度为71.6%。年平均日照时数2 019.74h，年平均降水量648.8mm，无霜期历年平均为184d，土质以褐土、棕壤土、黄棕壤土为主，适宜多种农作物、林木、灌木和牧草生长。粮食作物主要有小麦、玉米、甘薯、大豆等。经济作物有烟叶、中药材、花生、油菜、芝麻、向日葵等。饲草饲料主要有青干草、甘薯秧、花生秧、树叶等。

二、品种形成与变化

（一）品种形成

据历史记载，栾川县在1949年前归卢氏县管辖，1949年后独立设县，两县地处豫西地区，具有良好的生态环境与丰富的饲料资源，当地群众自古就有散养黑猪，加工腊肉、熏肉的传统习俗，并在长期生产实践中积累了丰富的选种选配经验，从而形成了该地方品种。据《周礼·职方氏》（西周）记载，洛阳和三门峡区域西周时期已成为我国农业起源与发展的中心区域，当时畜牧业亦属发达，猪已是主要的生产生活资料，与群众生活息息相关，距今已有2 700多年。《洛阳市志》（1998年）记载，"自古以来，洛阳以饲养豫西大耳黑猪为主"；《栾川县志》（1994年）记载，"传统品种是大耳黑猪";《卢氏县志》（1998 年）记载，"50 年代以前以养大耳黑猪最多"。卢氏县自古就有饲养黑猪的习惯，延续至今。

在河洛文化中，猪是重要的生产生活资料，与群众生活水平息息相关。千百年来，豫西卢氏县山区群众婚嫁喜事宴请宾客形成的"十三花"，是当地最具特色、最丰盛的宴席菜品，也是招待尊贵客人和亲朋好友的最高礼遇。"十三花"是十三道宴客菜品，包括 7 道主菜、4 道配菜、2 道汤菜。七道主菜以四道荤菜为核心，即红烧肉、酱焖肉、大酥肉、小酥肉等，全是以当地特产的本地黑猪为食材，体现了"舌尖上的卢氏"水平。所以，"十三花"成为享有盛誉的豫西名吃。

豫西黑猪适应当地生态环境条件，能满足群众世代食肉需要。卢氏、栾川群众中有较高的制作熏肉、腊肉、卤肉技术，延续至今。加之自古以来，卢氏和栾川生态优良，素有"天不旱卢"的说法，粮食生产丰富，再加上当地自然生态优良，使本地黑猪品种资源得以保存延续。

2012 年地方畜牧部门调查发现，该品种具有较为独特的品种特征特性，且分布较广，群体较大，品种特征特性基本一致，通过与其他黑猪品种体型外貌、生产性能分析对比及遗传距离测定，证明了豫西黑猪是一个独立的地方黑猪品种资源。

（二）发展变化

自 2012 年调查开始，截至 2019 年 12 月底，豫西黑猪存栏量详见表 1。

表 1 2012—2019 年豫西黑猪存栏量

（单位：头）

产区	存栏量							
	2012 年	2013 年	2014 年	2015 年	2016 年	2017 年	2018 年	2019 年
卢氏县	9 851	8 673	8 835	4 615	4 440	2 678	1 585	1 885
栾川县	10 689	9 836	9 081	5 847	5 562	3 684	1 828	2 543
合计	20 540	18 509	17 916	10 462	10 002	6 362	3 413	4 428

据 2012 年调查，栾川县 14 个乡镇中，栾川黑猪存栏 10 689 头，能繁母猪 1 550 头，种公猪 68 头。卢氏县黑猪存栏 9 851 头（包括种公猪 54 头、种母猪 1 450 头），洛宁县饲养黑猪 5 000 头，嵩县约 500 头。

2013—2014 年，河南省畜牧局组织开展了地方猪品种资源调查和测定分析，成立河南省豫西黑猪保种协作组，初步命名了本地黑猪为"豫西黑猪"，确定了其体型外貌标准，制订了豫西黑猪提纯复壮和保种方案。

2015 年年底，栾川和卢氏两县豫西黑猪存栏 10 462 头。

2016—2017 年，受养猪市场行情低迷影响，豫西黑猪的饲养受到了冲击，饲养量持续下降，2017 年年底卢氏县和栾川县豫西黑猪存栏 6 362 头。

2018 年，受非洲猪瘟疫情影响，隔离和封锁使豫西黑猪优质猪肉不能流通，导致豫西黑猪社会饲养量明显下降。在省市两级畜牧主管部门专项资金支持下，2019 年豫西黑猪饲养量逐渐回升。2019 年年底，栾川、卢氏两县豫西黑猪存栏 4 428 头。

三、品种特征和性能

（一）体型外貌特征

1. 外貌特征

豫西黑猪体型中等，体质结实，结构匀称，被毛黑色，鬃毛长 6～8cm；头中等大，额较宽，额部有皱纹，嘴中等长、前吻部微翘，耳大下垂，颈短粗；背腰稍凹，腹部略下垂，臀部欠丰满，尾粗

长；四肢粗壮结实，蹄部粗壮、直立，部分有卧系；乳头7～9对。

2. 体重和体尺

豫西黑猪30日龄断奶平均体重（5.04±0.45）kg；2月龄公猪平均体重（17.23±1.58）kg，母猪平均体重（15.25±1.09）kg；6月龄公猪平均体重（65.12±3.17）kg，母猪平均体重（55.26±3.72）kg。成年公猪平均体重为（171.35±6.53）kg，体长（139.01±5.85）cm，胸围（131.15±4.64）cm，体高（73.75±1.65）cm；成年母猪平均体重为（155.17±4.72）kg，体长（125.24±3.08）cm，胸围（126.05±1.27）cm，体高（68.86±2.16）cm。

（二）生产性能

1. 产肉性能

在中等营养水平下，豫西黑猪生长育肥猪（30～100kg）平均日增重（429.35±11.21）g；据农业部种猪质量监督检验测试中心（武汉）测定，其胴体长（102.20±4.92）cm，平均背膘厚（3.36±0.65）cm，眼肌面积（31.55±4.48）cm²。据农业部种猪质量监督检验测试中心（武汉）测定，豫西黑猪屠宰率（74.70±2.48）%，腿臀比例（26.93±1.32）%，皮率（7.84±1.42）%，肥肉率（34.47±4.13）%，瘦肉率（47.87±1.54）%，骨率（9.84±1.18）%，肉色（4.17±1.27）分，大理石纹（3.77±0.75）分，滴水损失（48h）（2.30±0.03）%，系水力（压力法）（86.7±5.15）%，肌内脂肪（3.71±0.65）%。

2. 繁殖性能

豫西黑猪母猪150～160日龄性成熟，体重达70～80kg可初配，利用年限一般为7～9年。母猪发情周期20d左右，妊娠期114d左右；初产母猪平均窝产仔数（10.61±0.66）头，产活仔数（9.56±1.08）头，初生个体重（0.91±0.05）kg；经产母猪平均产仔数（11.69±1.09）头，产活仔数（10.78±0.96）头，初生个体重（0.93±0.01）kg；母猪受胎率平均为85%～95%，仔猪成活率90%以上。

四、饲养管理

豫西黑猪适应性强、耐粗饲，特别适宜在饲草饲料资源丰富的山区或丘陵地区舍饲或半放牧饲养。种公猪一般采用拴系和舍饲方式，配种方式以本交为主。母猪多采用舍饲和放牧方式。饲料以糠麸、青草、树叶、果实为主，补饲玉米、饼粕、甘薯等。

五、品种保护利用情况

2015年，在洛阳市栾川县和三门峡卢氏县共确定保种场（户）4家。主要保种目标为提高群体整齐度、扩大群体数量，并通过种质特性挖掘，确定保种与开发利用方向。

在开发利用方面，栾川县和卢氏县分别结合县域优势，把豫西黑猪开发利用作为特色产业进行发展。栾川县是旅游强县，县政府对县域内特色优质农产品进行筛选提升、品牌授权和质量监控，把原产于本地的高山杂粮、食用菌、特色林果、中药材、畜产品等进行有效整合，打造了"栾川印象"农产品区域品牌，其中已把豫西黑猪肉作为地方畜产品列入"栾川印象"品牌并进行推广。另外，栾川亨利、卢氏天社、炎牧等保种场，在郑州市、栾川县、三门峡市区和卢氏县开设豫西黑猪生态猪肉专卖店11个，注册有"墨珠""莘川""冠云山""黑元"等商标，豫西黑猪开发利用初见成效。

六、评价和展望

豫西黑猪是河南省西部地区人民群众充分发挥地理、资源等优势，经过长期驯化、选育而形成的遗传性能稳定的肉脂兼用型地方黑猪品种，其抗病力强、耐粗饲、肉质好，可作为培育优良新品种、生产优质生态猪肉的良好素材。另外，豫西黑猪适合山区或丘陵地区散养或半放牧饲养，是群众脱贫致富的良好资源。未来，随着品种影响力扩大，豫西黑猪对满足市场差异化需求、丰富百姓"菜篮子"将发挥重要作用。

江 城 黄 牛

江城黄牛（Jiangcheng Yellow cattle）是云南省地方黄牛遗传资源之一。经济类型属于以肉用型为主、以役用为辅。

一、一般情况

（一）中心产区及分布

江城黄牛中心产区为云南省普洱市江城哈尼族彝族自治县，分布于北回归线以南、澜沧江以东、红河以西区域，包括普洱市的思茅、宁洱、墨江、景谷，红河哈尼族彝族自治州绿春、元阳、红河、金平，西双版纳傣族自治州景洪、勐腊地区。

（二）产区自然生态条件

江城哈尼族彝族自治县位于北纬22°20′—22°36′、东经101°14′—102°19′，地处云贵高原南尾部，属无量山脉南端与哀牢山脉南翼的结合部，是普洱、西双版纳、红河3个州市和中国、越南、老挝三国交界的接合部。地形起伏大，切割深，形成中低山地貌。地势呈西北高东南低，最高海拔2 207m，最低海拔317m。境内江河纵横，水源丰富，有勐野江、李仙江、曼连河、腊户河、土卡河等30条江河及200多条溪流。气候属低纬山地季风亚热带湿润气候。年平均气温18.7℃。最冷月为1月，月均气温12.1℃；最热月6、7月，月均气温22.2℃。全年基本无霜，年均有霜日仅2~3d。年平均降雨量2 283mm，年均降雨天数178d。年平均日照时数1 886h，相对湿度为85%，蒸发量为1 478mm。境内土壤主要有砖红壤、赤红壤、红壤、黄壤、紫色土、冲积土和水稻土共7个土壤类型，主要种植水稻、玉米、小麦、豆类、油菜、薯类、蔬菜等。产区有丰富的饲草料资源，是云南省畜牧生产基地之一。

二、品种形成与变化

（一）品种形成

随着印度次大陆居民的迁徙、佛教的传播和海上丝绸之路的发展，瘤牛在中南半岛和南亚地区得以传播。早在秦汉时期，瘤牛随濮人迁徙到江城及周边地区。明清时期，在云南边疆推行军屯、民屯、商屯和改土归流制度，少数民族及汉族的不断南迁，中原普通黄牛或带有普通牛血缘的杂交牛也随之不断南迁，并与原有瘤牛进一步杂交。

随着茶叶贸易的兴起，以易武至思茅一线普洱茶核心产区为中心，向北形成了以马运输为主的"茶马古道"，向南形成了经江城以牛运输为主的"南茶牛道"。普洱茶通过牛从易武等茶庄运输至李仙江到越南莱州，再转运东南亚各国及我国香港、广州，并将越南棉花、工业品等运回云南。到了清朝末年、民国初，役（驮）肉兼用的江城黄牛基本形成。为了适应江城地区炎热潮湿气候，江城黄牛保留了更多的瘤牛血统，瘤牛血统高达83.85%，而普通牛血统仅占16.15%，与云南其他地方牛存在明显差异，成为中国普通黄牛与瘤牛杂交形成地方牛占保留瘤牛血液较多的遗传资源之一。但江城黄牛体型外貌又与瘤牛不完全相同，如部分母牛没有驼峰，所有牛没有脐垂。同时为了适应陡峭山坡地放牧和崎岖山路驮运，江城黄牛不断向小型化发展，成为在中国体型较小的黄牛品种资源。

江城黄牛除了驮运茶叶等商品外，在农副产品运输和居民迁徙过程中也发挥过重要的作用，其驮运功能到 20 世纪 80 年代中期才基本终结，变成以肉用为主。由于气候、地形等因素影响，农业产业以热带种植为中心，以及多数江城人一直秉承"只养江城黄牛、只吃江城黄牛"的理念，几乎没有受到外来品种的影响，江城黄牛得以保存与发展。

（二）发展变化

中华人民共和国成立之初，江城县江城黄牛存栏 4 200 头，随着农业生产的发展和边境贸易的增长，江城黄牛存栏量除"大跃进"时期下降外均持续增加，到 1987 年存栏达 31 392 头。而后随着热区经济作物的开发和森林面积的扩展，刀耕火种生产方式的终止，草地数量的大幅度减少，江城黄牛存栏一直呈下降趋势。2015 年江城县委县政府对江城黄牛的发展高度重视，存栏量逐渐增长。特别是自脱贫攻坚工作以来，江城县委县政府针对实际，进行了发展肉牛产业的结构调整及相关的养殖补贴，养殖户每购买 1 头江城黄牛，给予 2 000 元的养殖补贴，加之粮改饲、草牧业试点及退耕还草项目等实施，激发了养殖户养牛的积极性，从邻近区域购买饲养了江城黄牛，尤其是能繁母牛。据统计，2020 年年底江城县江城黄牛在中心产区的存栏量达 26 900 头，成年公牛 536 头，能繁母牛 8 394 头。

三、品种特征和性能

（一）体型外貌特征

1. 外貌特征

江城黄牛体型小，头型平短，毛色以黄为主，部分牛头顶心有白毛，毛短贴身。鼻镜、眼睑为粉色和褐色，部分牛鼻镜有色斑。眼明亮有神，耳平伸，耳壳薄，耳端尖，活动灵敏。角型短粗，多呈双角倒八字、尖部多为尖细角体，形似锥形，角呈黑褐色。四肢端正，结构良好，斜尻，骨骼短细，皮薄，管围细，长尾，尾尖直达后管下段。公牛肩峰大，颈垂皮大且前倾，胸垂皮大，无脐垂，肩腰平直，胸宽深；母牛乳房圆小，乳头细短。江城 90.0% 公牛有肩峰，25.6% 的母牛有肩峰；公牛 95% 有颈胸垂且大，65.56% 母牛有颈胸垂，公母牛均无脐垂；公牛都有角，母牛 82.22% 有角；基础毛色为深黄褐色占 32.31%、黑色占 25.38%、红色占 19.23%、浅黄褐色占 15.39%、草白色占 7.69%。

2. 体重和体尺

江城黄牛成年牛体重和体尺见表 1。

表 1　江城黄牛成年牛体重和体尺

项目	公牛	母牛
头数	40	90
体重（kg）	227.2±26.8	191.0±17.4
体高（cm）	109.5±6.2	102.5±4.3
体斜长（cm）	121.6±10.0	119.6±7.8
胸围（cm）	146.6±9.7	143.6±7.7
管围（cm）	15.5±1.3	14.0±0.6

（二）生产性能

1. 产肉性能

江城黄牛在传统放牧并适当补饲的情况日增重为 400～600g。舍饲自由采食全株玉米青贮并补饲 1kg 浓缩料 3 个月、2kg 精料补充料 3 个月和 5kg 精料 4 个月强度育肥，日增重可分别达到（660±110）g、（760±220）g 和（920±130）g。

2. 屠宰性能

2017 年和 2018 年对放牧或者适当补饲舍饲传统饲养成年江城黄牛 9 头公牛和 10 头母牛，2019 年对 12 头强度育肥公牛进行屠宰，结果见表 2。江城黄牛公母牛在传统饲养的基础上屠宰率可达 51%，强度育肥可显著改变江城黄牛体型，提高江城黄牛的屠宰率、净肉率。

表 2　江城黄牛屠宰性能与胴体品质

项目	母牛	公牛	强度育肥公牛
头数	10	9	12
宰前活重（kg）	162.8±20.3	231.1±53.9	319.5±42.1
胴体重（kg）	84.2±13.2	117.7±26.8	193.8±30.3
屠宰率（%）	51.7±3.7	50.9±2.9	60.7±3.3
净肉率（%）	37.4±3.8	38.4±2.9	51.1±3.5
背膘厚度（cm）	3.8±1.8	4.2±1.0	5.0±1.1
眼肌面积（cm²）	46.6±6.3	57.0±10.4	79.7±11.2
大理石花纹（分）	2.5±0.8	2.0±0.6	2.6±0.5

江城黄牛肌纤维直径小，肌间脂肪含量较高，剪切力值低，嫩度好。牛肉具浓郁芳香味，咀嚼后鲜甜多汁、无渣、回味较好，改变饲养方式可生产特色高档牛肉。

3. 役用性能

江城黄牛每头牛可驮 30～40kg，日行 15～20km。在坝区也用于拉车，一头牛一般拉货 70～80kg，最高可拉 150kg。部分山地有时用江城黄牛耕地，每头牛每小时可耕 0.007～0.013hm²，每天耕作 4～5h。

4. 繁殖性能

公牛 18～24 月龄可配种。母牛初情期 12～18 月龄，初配年龄 18～24 月龄，发情周期为 21d（18～22d），发情持续时间为 12～27h，妊娠期为（282±7）d。母牛终生产犊 7～8 胎，12 岁后开始淘汰。在自然环境条件下，母牛常年发情，但多集中于 9—11 月和翌年的 3—5 月。一年产一胎的占 16.5%、三年产两胎的占 65.4%、两年产一胎的占 18.1%。犊牛初生重公犊（13.8±1.3）kg，母犊（11.2±1.2）kg，犊牛成活率 95% 以上。

四、饲养管理

江城黄牛的饲养方式主要是放牧、放牧＋舍饲相结合两种方式。养殖户全天把牛群放牧在广阔的草山草坡、山林等地，每年到山林牧场补充食盐或者专用舔砖 4～5 次。这种方式在夏秋水草旺盛时牛只膘情较好，但冬春季节饲草枯萎时，牛只掉膘体质下降，天气变冷时易发病死亡。有的实行季节性放牧，夏秋季节放牧，冬春季节牛群集中舍饲。还有的实施放牧＋舍饲结合的方式，白天放牧 6～8h，傍晚归牧回到畜舍，有的还补充部分秸秆和青贮、干草。在母牛产犊期、役牛耕作期和阉牛育肥期再适当加喂混合精料。

五、品种保护利用情况

为了充分挖掘江城黄牛种质资源，充分发挥其在社会经济中的作用，江城县人民政府于 2016 年设立专项资金开展江城黄牛遗传资源调查与评价工作，2017 年申报设立了省级肉牛专家工作站，系统开展江城黄牛的保护与开发利用。2017 年江城县畜牧工作站按照《畜禽遗传资源调查技术规范》对 7 个乡镇 130 头黄牛个体进行体尺体重测定，分析总结了江城黄牛的体型外貌特征。在云南农业大学有关专家的支持帮助下，对江城黄牛的起源与形成进行了调研和考证，认为江城黄牛是通过瘤牛与带有普通牛血统的杂交牛而形成；对江城黄牛及现有滇中牛、文山牛、邓川牛、中甸牛、昭通牛、云南高峰牛（德宏），以及分布在保山龙陵、临沧芒康的黄牛进行了系统遗传分析，认为江城黄牛群体遗传多样性较丰富，存在多向利用潜力，与云南其他地方牛群体血统组成存在差异，遗传关系较远，存在一定的遗传分化，可单独划分为一个群体；同时对江城黄牛系统开展了育肥、屠宰性能测定与肉品质评价，认为江城黄牛虽然体型小，但具有较好的屠宰性能和肉品质，在热区具有较高的开发利用潜力。2018 年国家知识产权局商标局授权了"江城黄牛"地理标志，2019 年制定发布实施普洱市"江城黄牛品种"地方标准。

为实现江城黄牛的保护与开发利用有机结合，在江城县已经建立了 1 个规模化江城黄牛核心繁育场、3 个扩繁场和一批江城黄牛养殖合作社和养殖大户。同时，围绕江城黄牛开发形成了一批以加工黄牛干巴为主要产品的加工企业、作坊。

六、评价和展望

江城黄牛是中国瘤牛和普通牛杂交形成的牛品种资源中含瘤牛血统较高的黄牛遗传资源，具有良好的抗蜱虫、抗焦虫病与抗热湿能力，是热带亚热带优良地方黄牛品种资源，也是中南半岛代表性品种。江城黄牛体型小，但结实匀称，具有较好的育肥、屠宰性能。据屠宰测定，其肌纤维直径小，肌间脂肪含量较高，剪切力低，经品鉴嫩度好，牛肉浓郁芳香，鲜甜多汁，回味好。加之江城黄牛饲养区域生态环境好，饲养方式较为原始，江城黄牛曾在"南茶牛道"上有过辉煌历史。今后重点是在主产区划定保种区域，强化江城黄牛选育提纯、完善保护繁育体系的基础上，构建生态、优质、特色肉牛生产体系。

帕 米 尔 牦 牛

扫码看品种图

帕米尔牦牛（Pamir yak）因分布帕米尔地区而得名，俗称克州牦牛、塔县牦牛或塔什库尔干牦牛，属肉、乳、役兼用型牦牛地方品种。

一、一般情况

（一）中心产区及分布

帕米尔牦牛主产于新疆塔里木盆地西南部的东帕米尔高原和西昆仑山区，以克孜勒苏柯尔克孜自治州阿克陶县和喀什塔什库尔干县为中心产区，克孜勒苏柯尔克孜自治州各县市，以及喀什地区叶城县、莎车县的高寒山区均有分布。

（二）产区自然生态条件

帕米尔高原地跨中国新疆西南部、塔吉克斯坦东南部、阿富汗东北部，是昆仑山、喀喇昆仑山、兴都库什山和天山交汇的巨大山结，面积约 10 万 km²。东部帕米尔在克孜勒苏柯尔克孜自治州和喀什地区境内，地势高峻，群山耸立。东以木吉谷地和塔什库尔干谷地为界，与西昆仑山相邻，南邻喀喇昆仑山。由高原山地和高原山间盆地构成。山地海拔一般 5 000～5 500m，山间盆地海拔 3 500～4 200m，部分地段降至 3 200m。

帕米尔高原属严寒强烈大陆性高山气候，特点是干燥、严寒，特别是东帕米尔的大陆性更为显著，冬季漫长（10月至翌年4月）。在海拔 3 600m 左右，1 月平均气温 −17.8℃，绝对最低气温 −50℃；7 月平均气温 13.9℃，最高不超过 20℃。背阴处气温明显低于向阳处，且分布有永冻的盐化土。东帕米尔因有高山阻挡西来的湿润气流，年平均降水量仅 75～100mm。

帕米尔高原是现代冰川作用的一个强大中心，冰川和积雪十分丰富，是南疆主要河流产流区之一，对哺育南疆绿洲和保证塔里木河干流水源有十分重要的作用。由于山区河流众多，河道天然落差大，水资源蕴藏量丰富。但水资源年内时空分配不均衡，可控性较差，易形成春旱和夏洪等自然灾害。由于高原地形的垂直差异及降水量稀少，土壤中生物物质积累少，腐殖质含量低，土地十分贫瘠。

帕米尔牦牛主产区喀什地区塔什库尔干县，境内山丘和地表多裸露，植被稀少，可利用土地少，地貌类型主要是山地和谷（盆）地，适宜耕作的土地面积狭窄，且分布在易于流失的河谷地带，无法大规模发展种植业。天然草场分布在海拔 3 600～4 800m 处，多为高寒荒漠草场，6～8 级草场占 90%。该草场产量低，载畜量小。

二、品种形成与变化

（一）品种形成

帕米尔牦牛是一个古老的原始品种，因帕米尔高原而得名。东帕米尔地区山高谷深、高寒缺氧、极度干燥，牦牛是古代游牧民族普遍饲养的家畜。据《后汉书·西域传》记载，汉阳嘉二年（133年），疏勒国（今新疆喀什一带，包括帕米尔地区）"臣磐复献师子、封牛"（封牛即牦牛）。帕米尔地区是古代丝绸之路南道和北道必经之路，是东西方经济、文化交流要冲，牦牛作为高原地区重要役畜被大量饲养是必然的。据《梁书》第五十四卷记载，揭盘陀国（今帕米尔地区）"多牛、马、骆驼、羊等。"可见当地牦牛饲养历史悠久，该区域在"丝绸之路"北道开通后，对外交流逐渐减少，加之受西昆仑山山脉、天山山脉等地理隔离，当地牦牛也长期封闭繁育，逐渐形成适应高原荒漠草原的牦牛地方类群。在塔吉克族中"没有牦牛和羊，就没有谈婚论嫁的权利"的婚嫁习俗，受传统生活的长期影响，当地人戏称"有牦牛的地方就有塔吉克人"，这也进一步加快了帕米尔牦牛选育进程。

（二）发展变化

2018—2020 年对帕米尔牦牛群体数量进行了调查统计。2018 年中心产区共存栏 90 315 头，其中能繁母牛 40 973 头，种公牛 2 812 头（表 1）。2018 年分布区统计存栏数量为 144 472 头，其中能繁母畜 65 320 头；2019 年分布区统计存栏数量为 163 416 头，其中能繁母畜 74 215 头；2020 年分布区统计存栏数量为 184 064 头，其中能繁母畜 83 738 头。

表 1　2018 年帕米尔牦牛中心产区数量及群体结构

（单位：头）

中心产区	能繁母牛	种公牛	其他	总数
阿克陶县	29 398	2 079	33 198	64 675
塔什库尔干县	11 575	733	13 332	25 640
合计	40 973	2 812	46 530	90 315

三、品种特征和性能

（一）体型外貌特征

1. 外貌特征

帕米尔牦牛毛色较杂，以黑色、灰褐色为主，面部白、头白、尾白、躯体黑毛次之，其他为灰、青等毛色。体质结实，结构紧凑，头粗重，额宽平、稍突。公牛大部分有角，角粗壮，角距较宽，角基部向外伸，然后向内弯曲呈弧形，角尖向后；母牛大多有角，角细长。颈短粗，鬐甲隆起，前躯发育良好，荐部较高，背稍凹。尻斜，腹大，尾根低，尾短，尾毛丛生呈帚状。四肢粗壮有力，蹄质坚实。全身毛绒较长，尤其是腹侧、股侧毛绒长而密。

2. 体重和体尺

2018—2021 年的 6—9 月在塔什库尔干县和阿克陶县的乡镇对帕米尔牦牛公、母牛进行了体重和体尺测定，统计数据见表 2。

表 2　帕米尔牦牛公、母牛体尺和体重

性别	年龄	头数	体高（cm）$\bar{X} \pm S$	体斜长（cm）$\bar{X} \pm S$	胸围（cm）$\bar{X} \pm S$	管围（cm）$\bar{X} \pm S$	体重（kg）$\bar{X} \pm S$
公	0.5 岁	31	91.26 ± 6.23	98.55 ± 7.57	112.71 ± 9.30	11.74 ± 1.29	98.85 ± 25.78
	1.5 岁	31	103.0 ± 3.61	111.71 ± 6.99	138.68 ± 3.32	16.26 ± 1.06	150.70 ± 14.53
	2.5 岁	33	110.82 ± 3.02	129.09 ± 4.19	162.48 ± 4.81	17.88 ± 1.89	238.91 ± 19.23
	3 岁	32	115.53 ± 4.03	139.63 ± 6.07	172.66 ± 8.95	19.61 ± 1.54	292.96 ± 39.94
	成年	42	123.39 ± 5.76	148.8 ± 6.29	189.69 ± 8.30	21.06 ± 1.58	375.84 ± 39.32

性别	年龄	头数	体高（cm） $\bar{X} \pm S$	体斜长（cm） $\bar{X} \pm S$	胸围（cm） $\bar{X} \pm S$	管围（cm） $\bar{X} \pm S$	体重（kg） $\bar{X} \pm S$
母	0.5岁	37	89.16±7.16	98.30±9.20	113.22±7.54	11.65±1.09	89.29±17.80
	1.5岁	38	102.03±3.58	110.50±6.03	134.24±3.84	15.97±1.15	139.52±11.48
	2.5岁	32	107.67±3.41	126.22±4.70	157.31±6.36	16.69±0.86	219.21±21.58
	3岁	41	108.37±2.79	128.84±4.67	162.66±6.87	16.92±0.88	239.35±25.31
	成年	101	111.56±5.02	131.62±7.32	168.49±7.26	17.86±0.94	262.24±28.67

（二）生产性能

1. 产肉性能

2018年11月和2021年9月在中心产区随机选择放牧饲养的13头成年公母牛屠宰测定，测定数据见表3。公牦牛宰前平均体重356.25kg，母牦牛宰前平均体重272.0kg。公、母牦牛屠宰率分别为52.51%、45.93%，净肉率分别为43.10%、36.35%，肉骨比分别为4.58、3.80。

表3　成年帕米尔牦牛产肉性能测定

性别	数量（头）	宰前活重（kg）	胴体重（kg）	屠宰率（%）	净肉重（kg）	净肉率（%）	肉骨比
公	8	356.25±48.97	187.06±27.11	52.51±1.48	153.53±24.08	43.10±1.42	4.58±0.32
母	5	272.0±10.95	124.92±6.11	45.93±0.71	98.88±4.24	36.35±0.51	3.80±0.14

2. 产奶性能

2021年5—9月对17头经产母牛挤奶量进行了跟踪测定，经产母牛每头每天平均挤奶量为2.13kg，153d总挤奶量为326.48kg/头，见表4。

表4　帕米尔牦牛挤奶量

母牛 类别	数量 （头）	挤奶量（kg）					合计
		5月	6月	7月	8月	9月	
经产	17	1.46±0.15	2.13±0.17	2.51±0.24	2.45±0.23	2.12±0.19	326.48

3. 繁殖性能

2018—2020年间，在中心产区调查牛群的繁殖性能。公牛初配年龄一般为3.5岁，利用年限10年左右；母牛2岁性成熟，一般为3.5岁初配，每年7月下旬到10月上旬为配种季节，发情周期平均18～21d，妊娠期240～260d，第二年4—7月集中产犊，繁殖成活率60.51%。

四、饲养管理

帕米尔牦牛常年在海拔3 500～4 500m的高原山坡和高原盆地草甸上游牧，管理比较粗放，没有棚圈设施，终年依靠天然草场放牧，每年4月中旬由冬春牧场转场到夏季牧场，10月中下旬转到冬春牧场。冬春牧场定居点附近，海拔较低，交通方便，是避风雪的阳坡低地带，每年12月到来年3月底因积雪覆盖无法采食时，牧民利用简易棚圈或围栏少量补饲；夏季牧场以高原荒漠草场为主，每天早晚固定时间各收牧一次，开展挤奶和饲喂犊牛。

五、品种保护利用情况

（1）帕米尔牦牛尚未设立保护区或保种场，在遗传资源调查期间对帕米尔牦牛来源、分布、数量等信息进行了集中采集，为地方采取临时保护措施提供依据。

（2）2020 年以来，喀什地区塔什库尔干县构建了牦牛养殖体系，在高寒边区新建牦牛养殖圈舍，在达布达尔乡红其拉甫村建立牦牛良种繁育中心，组建牦牛核心群，成立新疆畜牧科学院塔什库尔干县工作站，推广牦牛人工授精技术。同时，建设现代化牛羊屠宰场，配套建设牦牛肉干生产线，充分利用塔什库尔干牦牛肉地理标识创建品牌，提高牦牛养殖附加值，以开发利用促进帕米尔牦牛遗传资源保护。

六、评价和展望

帕米尔牦牛属肉乳役兼用型地方类群，产奶性能好、产肉性能优良，具有耐缺氧、耐旱、善爬山等优良特性。帕米尔牦牛在高原荒漠草原放牧条件下具有较好的产奶性能，其繁殖成活率平均为 60.51％。帕米尔牦牛公牛屠宰率 52.51％，净肉率 43.10％；母牛屠宰率 45.93％，净肉率 36.35％。今后将加强帕米尔牦牛种质特性研究，开展本品种选育，建立帕米尔牦牛保种场，开展牦牛良种繁育体系建设，有组织开展群众性的本品种选育，提高其产奶、产肉性能，促进牧区经济发展和牧业增产、牧民增收。

查吾拉牦牛

扫码看品种图

查吾拉牦牛（Chawula yak），是中国西藏自治区那曲市聂荣县地方品种之一，经济类型属于肉乳兼用型。

一、一般情况

（一）中心产区及分布

查吾拉牦牛主要分布于青藏高原腹地的西藏自治区那曲市聂荣县平均海拔4 700m的高原地区，中心产区位于聂荣县查当乡、永曲乡、桑荣乡、索雄乡和当木江乡。

（二）产区自然生态条件

聂荣县位于北纬32°06′、东经92°18′，地处西藏自治区北部、唐古拉山南麓，位于青藏高原太湖盆区，地势西北高东南低。与青海省交界，境内山峦起伏，沟壑纵横，西北部一些山峰常年积雪，中部和南部的山峰相对高差大，低山丘陵与谷地错落相间。属高原亚寒带半干旱季风气候区，1月平均气温−25℃，7月平均气温10℃，冬长无夏，无绝对无霜期，含氧量为平原地区的60%。几乎全年为刮风天气，其中六级以上大风的天数约为120d。全年雨雪天约100d，年降水量为400mm，相对湿度约46%，年平均日照时数约2 850h。暖季（6—9月）降雨量大且持续时间较长；冬季（当年10月至次年5月）寒冷干燥且多风雪。聂荣县是西藏的纯牧业区，草场均属高寒草原和高原草甸草原类，植被以紫花针茅为主，伴生有羊茅、苔草、火绒草等。查吾拉牦牛产区拥有全县境内最大的牧场产量基础。

二、品种形成与变化

（一）品种形成

据考古学证明，新石器时代起，青藏高原上的先民开始驯养捕获的野牦牛，通过不断地捕捉与驯化，野牦牛逐渐进化成牦牛而定居。元明时期，聂荣境内出现了历史上著名的"霍尔三十九族"，根据历史记载，当时历史文化背景下，在聂荣境内以游牧和自然放牧的牦牛饲养生产方式极为普遍且分布广阔。所以查吾拉牦牛是经过长期自然与人工选择形成的能适应当地高海拔环境的高寒牧区牦牛地方品种。

（二）发展变化

查吾拉牦牛群体近15～20年无明显消长变化，种群量一直保持在7万头左右。如2018年存栏量73 739头，2019年存栏量73 112头，2020年年底存栏量为72 355头。

三、品种特征和性能

（一）体型外貌特征

1. 外貌特征

查吾拉牦牛毛色以黑色为主，间有白斑，少数有褐色，极少青色。公牦牛头短宽，形似楔形、面宽平、眼大有神，角基粗壮，耳形平伸，耳端钝厚；颈粗短，鬐甲高耸、背腰微凹、前胸开阔发达、四肢粗短健壮；睾丸大小适中、紧贴腹部。母牦牛头形窄长，面部清秀，耳形平伸，耳端钝，大部分有角，角形为小环角，颈短薄，无颈垂；肩峰相对明显，无胸垂及脐垂，背腰微凹，后躯相对欠发育，尻斜、形短，尾帚大，尾长达飞节处；乳房呈碗碟状，乳头细小而紧凑。

2. 体重和体尺

查吾拉牦牛成年牛体重和体尺见表 1。

表 1　查吾拉牦牛成年牛体重和体尺

性别	体重（kg）	体高（cm）	体斜长（cm）	胸围（cm）	管围（cm）
公	325.92 ± 109.67	118.00 ± 11.88	143.17 ± 20.39	172.83 ± 19.09	17.75 ± 2.28
母	233.10 ± 21.97	108.58 ± 4.01	128.52 ± 7.46	159.86 ± 7.39	15.97 ± 0.66

注：表中数据由西藏自治区农牧科学院畜牧兽医研究所于 2017 年 10 月测定。

（二）生产性能

1. 产肉性能

查吾拉牦牛成年牛屠宰性能见表 2。

表 2　查吾拉牦牛成年牛屠宰性能

性别	数量（头）	宰前体重（kg）	胴体重（kg）	屠宰率（%）	净肉率（%）	眼肌面积（cm²）	肉骨比
公	5	363.80 ± 30.50	176.60 ± 3.04	48.54 ± 2.37	38.70 ± 2.20	52.20 ± 8.11	（4.10 ± 0.81）：1
母	5	234.20 ± 18.76	117.60 ± 9.76	50.21 ± 1.16	41.68 ± 1.54	35.80 ± 4.54	（4.30 ± 1.00）：1

注：表中数据由西藏自治区农牧科学院畜牧兽医研究所于 2018 年 11 月测定。

2. 产奶性能

牦牛产犊后即开始泌乳，查吾拉牦牛产奶期主要集中在青草季节的 6—10 月，全年的平均产奶量为 290kg。7—9 月平均日产乳量为（3.14±1.08）kg，乳脂率 6.61%，非脂乳固体 9.30%，乳糖含量 5.95%，蛋白质含量 3.40%，pH 为 6.53。

3. 役用性能

由于地理位置限制，聂荣县牧民有训练查吾拉牦牛作为驮牛进行骑乘和物资驮用的习惯，经过训练的查吾拉牦牛可负重 60kg 日行 25km，可连续驮运半个月。

4. 繁殖性能

查吾拉牦牛母牛初配年龄 3.5 岁，每年 7—10 月是发情配种旺季。母牛一般两年一产或三年两产，一般繁殖率为 58%，犊牛成活率为 90%，繁殖情况与母牛膘情成正比，也与草地载畜利用程度和年度牧草产量有较大关系。母牛发情周期一般为 21d，发情持续时间为 24～26h，妊娠期 265～270d，翌年 4—5 月为产犊盛期。

四、饲养管理

查吾拉牦牛饲养方式以天然放牧为主，采用冬季定居、夏季游牧的方式从事畜牧生产（肉用为主）。受高原特定环境的限制，境内牧草生长呈现出极强的季节性，境内全年暖季 160d 左右，冷季 200d 左右，故而，当地牧民将草场划分为暖季草场和冷季草场，一般夏秋在暖季草场放牧，冬春在冷季草场放牧。

在草场的使用上，春末到夏季多在交通沿线、河岸两侧的平坦草地放牧，以利于抓早期的"水膘"。6 月以后，沼泽地蚊蝇活跃、肝片吸虫滋生，母牛多选择沼泽少的较干燥地方居住，公牛群和小牛群多选择在山脚下或半山坡放牧。7—8 月牧草生长旺盛，营养丰富，有利于抓后期的"油膘"。在放牧技术上也要求不高，一般为"满天星"的放牧方式。在管理上也十分简单，春夏季节放牧人员跟群放牧，早出晚归，牛群没有棚圈，晚上远牧群将牛群赶进山洼或水湾，挤奶牛群则需将牛犊拴在一档绳上，来控制牛群的游动，以防丢失。冬末期间，天气寒冷，时有风雪侵袭，牛群出牧较晚，晚上天黑前收牧。母牛在整个冬季多居住在温暖向阳的地方，有固定的棚圈，牛圈使用石砌或泥筑，一般有顶棚，整个冬季畜群活动范围不大，栖息地较为固定。

五、品种保护利用情况

2017 年，在聂荣县政府的协助下，建立了查吾拉牦牛保种场，圈定聂荣县查当乡、永曲乡、桑荣乡、索雄乡和当木江乡为查吾拉牦牛保护区。同年，聂荣县农牧业科学技术服务站申请并获得"聂荣查吾拉牦牛""聂荣查吾拉牦牛肉""聂荣酸奶""聂荣奶渣""聂荣拉拉"和"聂荣酥油"注册商标授权。2018 年，西藏自治区农牧科学院组织构建了以分子遗传多样性动态监测、良种选择提纯复壮为主的查吾拉牦牛良种保护技术体系。2019—2020 年，有关研究人员应用微卫星 DNA 标记 PCR 技术评估了查吾拉牦牛品种内遗传多样性及与其他牦牛品种间系统发育关系，同时开展了查吾拉牦牛线粒体 DNA（mtDNA）遗传多样性及其分类研究。

六、评价和展望

查吾拉牦牛是长期自然选择和藏族牧民长期牧业生产实践中选育形成的特色鲜明、生产性能较高且稳定的牦牛地方品种，其适应高海拔自然环境气候及高寒草原生境特征，肌肉中蛋白质含量高，氨基酸含量丰富，牛磺酸和不饱和脂肪酸含量丰富，但一般繁殖率与早期生长速度不突出。今后应对查吾拉牦牛适宜高寒自然环境的生物学特性开展研究，调整优化种群结构，改进饲养管理方式，加快产肉性能遗传改良速度。

燕山绒山羊

扫码看品种图

燕山绒山羊（Yanshan Cashmere goat）是河北省山羊地方品种之一，经济类型属于绒肉兼用型。

一、一般情况

（一）中心产区及分布

燕山绒山羊的中心产区是青龙满族自治县，主要分布在河北省境内的燕山山脉的秦皇岛、承德、张家口和唐山市部分地区，重点分布在秦皇岛市的青龙满族自治县及邻近的山海关区、海港区、抚宁区、承德市宽城满族自治县等地。

（二）产区自然生态条件

主产区青龙满族自治县（以下简称青龙县）位于河北省东北部边缘，明长城北侧，燕山山脉东段。地处北纬 40°04′—40°36′、东经 118°33′—119°36′。青龙县属于山区县，素有"八山一水一分田"之称，海拔在 80~1 846m。青龙县自然环境得天独厚，属北温带湿润大陆性季风气候，四季分明，日照充足，昼夜温差大，最高气温 39℃，最低气温 −26.3℃，全年平均气温 8.9℃，平均日照时长 9.5h，平均降水量 660mm，年无霜期 162d。全县青龙河、沙河、都源河、星干河、起河五大河系蜿蜒曲折，穿绕全境。山区植被完好，森林覆盖率 60%，位居河北省第二位；草场资源丰富，沟壑纵横处有野生动植物千余种，中药材 450 余种。独特的地理气候环境及资源条件，为绒山羊养殖提供了丰富的饲草饲料来源。

二、品种形成与变化

（一）品种形成

燕山绒山羊养殖可追溯到五百多年以前的明朝弘治十四年。早在明·弘治十四年《永平府志》卷之二"土产"篇记载，羊为当地豢养类土产；在"贡赋"篇记载，"物有生植而贡随之"，抚宁县"白硝山羊皮五十张"、卢龙县"白硝山羊皮二十八张"、迁安县"白硝山羊皮六十五张"作为贡品。明崇祯十年记载，"襄衣羊，剪其毳为毡、为绒片，帽袜遍天下。凡毡绒褐为本色，其余皆染色。"明朝时期，永平府所辖卢龙、迁安、抚宁、昌黎、乐亭和滦州等地，而青龙县隶属抚宁、昌黎、迁安等县区。

清·康熙二年修、十八年续《永平府志》（上）卷之五"风俗"篇"祭礼"记载，"不知庶人不敢渎，而赛用羊豕其分乎"，说明当时百姓将羊作为祭品，祭祀完后分而食之。史料说明山羊已成为当地重要物产。《永平府志》清·康熙五十年卷之五"风俗"篇记载，工在籍谓之匠，考额府属役，曰银、曰铁、曰铸铁、曰锡、曰钉铰、曰穿甲、曰木、曰桶、曰砖、曰石、曰黑窑、曰毡、曰熟皮、曰染、曰乌墨、曰搭采、曰絮、曰双线、曰箔、曰冠带、曰旋、曰秤。说明在当时，羊绒加工已在当地成为一种重要的手工业。

青龙县文学艺术界联合会主办的《青龙河》2015 年第二期《两个老山羊背砖上城墙的传说》中报道，现青龙县隔河头镇城山沟村不仅流传当地牧羊人在明朝年间用山羊背砖帮助修长城的民间传说，同时还有当地用羊绒织袜子的传说，并因此该村又称为绒袜子沟，记录了青龙县用羊绒织袜子、手套的习俗。

《秦皇岛市志》记载，建于 1956 年的青龙县皮毛厂，从 1979 年至 1985 年剪绒车间增加 3 台烫酸机、3 台剪毛机；《秦皇岛商检志》记载，1995 年至 1998 年合计出口羊剪绒坐垫 28 批次 131 605 张。以上史料说明，绒山羊产品在中华人民共和国成立初期就是当地重要物资。

（二）发展变化

据《青龙满族自治县志》（1979—2004）记载，"1979 年以前，羊的品种主要是本地山羊和本地绵羊。山羊适应性强，食性杂，体小有绒，遗传性能稳定。1982 年由于羊绒市场走俏，县畜牧局开始对山羊进行优种选育，分别在干沟公社庞杖子大队、马圈子公社梓椤滩大队建起了山羊优选繁育场，产绒量有较大幅度提升，颇受群众青睐，百姓称之为青龙绒山羊。2000 年，畜牧局建立大型绒山羊纯种繁育场，市、县畜牧局开始开展燕山绒山羊选育工作。2004 年，全县共有燕山绒山羊场 126 个，饲养量 14.3 万只，公、母羊体重分别达 55 公斤和 35 公斤，产绒量 0.85 公斤和 0.5 公斤。"2020 年年底，河北省燕山区存栏燕山绒山羊 107.32 万只。

三、品种特征和性能

（一）体型外貌特征

1. 外貌特征

燕山绒山羊被毛基本为白色，混合被毛类型，外层为粗毛，底层为绒毛，其中外层粗毛有多毛型和少毛型两种类型。2%～3%的燕山绒山羊头部及其他刺毛区为黑色，外层毛稍呈黑色，但内层绒毛均为白色。燕山绒山羊面部清秀，眼大有神，两耳向两侧伸展，有额毛和下颌须。公母羊均有角，公羊角粗大，其中约 80% 公羊角向后斜上方两侧呈螺旋形伸展，约 20% 向斜后方两侧弯曲伸展；母羊角细小，其中约 80% 母羊角向后斜上方两侧伸展，约 20% 向后弯曲伸展。体质结实，结构匀称，颈宽厚，颈肩结合良好。胸深且宽，背腰平直，后躯肌肉丰满，四肢粗壮，姿势端正，尾小上翘。

2. 体重和体尺

燕山绒山羊成年公、母羊体重和体尺见表 1。

表 1 燕山绒山羊成年公、母羊体重和体尺

性别	体重（kg）	体高（cm）	体长（cm）	胸围（cm）	管围（cm）
公	60.9±8.4	70.3±3.7	79.6±5.5	96.6±6.7	10.7±1.0
母	45.6±5.2	65.4±3.1	74.5±3.8	87.0±5.9	8.6±0.7

（二）生产性能

1. 产肉性能

燕山绒山羊公羊育肥一般 8～10 月龄出栏，体重平均 40kg 左右，屠宰率平均在 48%～50%。燕山绒山羊屠宰性能见表 2。

表 2 燕山绒山羊屠宰性能

类别	宰前活重（kg）	胴体重（kg）	净肉重（kg）	屠宰率（%）	净肉率（%）
8 月龄公羊	41.5±2.68	20.3±1.56	14.2±1.02	48.9±2.01	34.2±1.81
周岁公羊	48.8±3.51	24.5±1.48	17.3±1.30	50.2±2.31	35.5±1.64

2. 产绒性能

燕山绒山羊被毛为混合类型，外层为粗毛，毛长一般为15～20cm；底层为绒毛，绒长一般为7～9cm，细度14～16μm。具体产绒性能见表3。

表3 燕山绒山羊产绒性能

类别	产绒量（g）	羊绒自然长度（cm）	绒细度（μm）
育成公羊	775.2±81.7	8.4±0.8	13.98±3.03
育成母羊	554.1±79.2	7.6±0.7	14.65±3.13
成年公羊	1413.9±261.5	9.4±0.9	15.33±3.11
成年母羊	738.3±131.4	8.3±0.7	15.23±3.28

3. 繁殖性能

燕山绒山羊母羊一般在5～6月龄性成熟，公羊一般在6～7月龄性成熟；初配月龄母羊一般为12月龄，公羊为18月龄；良好饲养条件下母羊10月龄配种，公羊15月龄配种。产羔率在110％以上。母羊发情周期20d，发情持续期2d。

四、饲养管理

燕山绒山羊可适应放牧和舍饲两种方式。规模场一般采取全年舍饲，按照生理阶段分群饲养管理，饲喂TMR日粮；大多数农户的养殖方式为青草期放牧，枯草期在简易棚圈舍饲，舍饲草料以农副产品为主，或购买浓缩饲料搭配玉米、农作物秸秆及树叶等粗饲料，或用玉米、麸皮、豆粕、预混料等搭配农作物秸秆及树叶等粗饲料。

五、品种保护利用情况

1. 燕山绒山羊品种资源保护

根据燕山绒山羊养殖特点，制定了《羊圈舍建筑技术规程》（DB 1303/T153）、《绒山羊饲养管理技术规程》（DB 13/T802）。在河北省畜牧兽医局的指导下，2013年11月成立了燕山绒山羊品种资源利用技术工作组和领导保障组。

2014年3月，制订了燕山绒山羊选种和品种利用计划。对燕山绒山羊种羊生产性能进行测定，建立了五步选种法，即出生、断奶、育成、配种前及产羔后五个阶段分别制定标准，作为选种、留种依据，在核心群建立种羊登记制度。

燕山绒山羊的五步精准选种法，其特征在于从羔羊出生直到产羔依次进行五阶段选种：①出生，选择初生重大、健康状况良好、被毛全白的羔羊；②断奶，选择3月龄断奶重≥12kg的羔羊；③育成，6月龄，选择体长略大于体高、四肢端正、背腰平直、颈宽厚且颈肩结合较好、蹄质结实、尾细短上翘，产绒量≥500g，山羊绒细度≤15μm、自然长度≥5.5cm的母羊；④配种，选择膘情良好、体质结实、体重≥30kg发情正常的母羊；⑤产羔，选择泌乳力强（乳房肿胀度适宜、羔羊生长快）、母性好且体况恢复较好的母羊。据上述五步选育，选取优秀个体建立核心群，组成优质绒山羊种群，使遗传品质和生产性能得到显著改进。

经过7年多的系统工作，建立健全了品种登记制度，包括档案系谱登记、配种产羔记录、生产性能测定等，燕山绒山羊繁育体系已基本建立，其中建立省级种羊场1个、市级种公羊站1个、市级种羊场20个、标准化规模养殖场324个，燕山绒山羊优良种羊数量大幅度提高。

2. 燕山绒山羊遗传资源利用计划

（1）进一步优化燕山绒山羊选育标准，逐步提高产绒量、细度和繁殖率指标。

（2）利用燕山绒山羊断奶早的特点，提出适时配种方案，利用同期发情、超排和人工授精技术，

研发诱导双羔技术，缩短世代间隔的同时提高繁殖效率。

（3）建立健全饲养规程，通过日粮配制及饲养技术的改善，利用营养调控促进羔羊生长发育及性成熟，充分挖掘燕山绒山羊的产肉、产绒和繁殖潜力。

六、评价和展望

燕山绒山羊是河北省燕山地区农民长期以来赖以生存的一个优良地方品种资源，最大的优点是适应当地的农业生态环境条件，且其遗传性能稳定，产绒性能好，肉质优，抗病力和适应性强。其缺点是繁殖性能有待提高。今后的工作重点是扩大核心群规模，选育方向是在保持产绒量的基础上提高繁殖性能和绒毛品质，培育出更加适应消费者需求的燕山绒山羊新品系。

南充黑山羊

扫码看品种图

南充黑山羊（Nanchong Black goat），是四川省山羊地方品种之一，经济类型属于皮肉兼用型山羊。

一、一般情况

（一）中心产区及分布

南充黑山羊原产于四川省南充市营山县、嘉陵区，分布于市内的顺庆、高坪、西充、南部、阆中、蓬安、仪陇 7 个县（市、区），邻近的达州市渠县、达川区及巴中市平昌县也有少量分布。

（二）产区自然生态条件

产区处在四川省东北部、嘉陵江中游，位于北纬 30°35′—31°51′、东经 105°27′—107°50′之间，北部为低山区，南部为丘陵区，地势从北向南倾斜，海拔 256～889m。属于中亚热带湿润季风气候区，四季分明，雨热同期，春早、夏长、秋短、冬暖，霜雪少。年平均气温 17℃左右，年日照时数 1 200～1 500h，年降水量 1 100mm。土地肥沃，多为紫色土，嘉陵江、西河、东河、清溪河、枸溪河等大小支流分布全境，多年平均径流深 335mm，地表多年平均径流总量 41.91 亿 m³，水资源丰富。粮食作物以水稻、小麦、玉米、油菜、高粱、甘薯为主。饲草作物主要有黑麦草、杂交狼尾草、墨西哥玉米、青贮玉米等，农副产品丰富。

二、品种形成与变化

（一）品种形成

南充黑山羊的形成与当地人民辛勤培育和自然生态环境条件的长期作用密切相关。据《南充市志》（1707—2003 年）记载，"南充历来饲养山羊，黑山羊板皮质优，是出口畅销货，山羊主要分布在深丘地带，1944 年南充地区山羊达 74.1 万只"。《营山县志》（1989 年）记载，清朝末期，营山就有山羊饲养，当时体型较小，周岁羊体重为 15～17.5kg，随着不断选育，逐渐形成适应力强、耐粗饲管理、抗病力强的独特山羊群体。1978 年，营山县被列为全国山羊板皮基地县。1979 年，国务院批准营山县为全国山羊基地县。1983 年，营山县养羊成果进入北京出口商品生产基地建设成果展览馆。南充黑山羊是经过营山县和嘉陵区人民长期选育而形成的地方山羊群体。

（二）发展变化

因饲养方式改变，小散养户快速退出，近交繁育严重，21 世纪初南充黑山羊种群数量减少，生产性能下降，品种退化。近年，开展南充黑山羊提纯复壮，质量有所提高，数量趋于稳定。2021 年年末南充市存栏南充黑山羊 27 159 只，其中成年母羊 12 412 只、种公羊 1 505 只。

三、品种特征和性能

（一）体型外貌特征

1. 外貌特征

南充黑山羊全身被毛黑色，富有光泽，不含绒毛，皮肤灰白。体质结实，结构匀称，肌肉丰满，体格偏小，全身各部结合良好。头轻秀，大小适中，呈三角形；额平宽，鼻梁平直；大部分有角，呈弓形或倒"八"字形；眼大较圆，耳直立侧伸、大小适中；成年公羊下颌有胡须；颈部较细，长短适中，无皱褶，部分羊有肉髯。体躯长方形，背腰平直，肋骨拱起，腹略大，尻略斜。四肢短而粗壮，蹄质坚实，呈黑色。公羊体态雄壮，睾丸发育良好、匀称。母羊体形清秀，乳房发育良好，多数呈球形或梨形。

2. 体重和体尺

南充黑山羊断奶（2月龄）体重：公羊7.85kg，母羊7.50kg；6月龄体重：公羊18.11kg，母羊16.66kg；周岁体重：公羊27.92kg，母羊24.69kg；成年体重：公羊39.32kg，母羊34.27kg。南充黑山羊各阶段体重和体尺见表1。

表1 南充黑山羊体重和体尺

年龄	性别	样本数（只）	体重（kg）	体高（cm）	体长（cm）	胸围（cm）
初生	公	137	1.62±0.11	—	—	—
	母	161	1.55±0.12	—	—	—
2月龄	公	442	7.85±0.87	37.19±3.29	46.66±3.85	42.54±4.27
	母	558	7.50±1.05	35.85±2.78	45.73±4.76	41.55±3.61
6月龄	公	176	18.11±1.64	52.65±3.47	66.31±5.45	62.40±4.98
	母	493	16.66±2.17	49.40±3.33	63.80±5.56	59.25±3.90
周岁	公	154	27.92±2.12	59.68±3.30	74.89±4.37	70.21±3.94
	母	349	24.69±3.18	56.31±3.42	70.42±5.69	64.45±4.59
成年	公	101	39.32±4.08	63.69±4.14	84.25±5.32	79.70±4.86
	母	349	34.27±4.13	60.11±4.30	79.82±6.07	73.99±4.69

（二）生产性能

1. 产肉性能

南充黑山羊周岁公羊宰前活重26.65kg，胴体重12.37kg，屠宰率46.43%；净肉率34.83%；周岁母羊宰前活重24.45kg，胴体重11.49kg，屠宰率47.00%，净肉率35.83%。南充黑山羊周岁羊产肉性能见表2。

表2 南充黑山羊周岁羊产肉性能

性别	数量（只）	宰前活重（kg）	胴体重（kg）	净肉重（kg）	眼肌面积（cm²）	屠宰率（%）	净肉率（%）
公	10	26.65±1.75	12.37±0.65	9.28±0.62	8.09±0.85	46.42±1.15	34.83±0.61
母	10	24.45±1.93	11.49±0.69	8.76±0.67	7.97±1.46	47.00±1.26	35.83±1.19

2. 繁殖性能

南充黑山羊性成熟早，3～4月龄就有性欲表现，公羊6月龄、母羊5月龄性成熟。初配年龄公羊为10月龄、母羊为8月龄，母羊常年发情，春秋两季比较集中。母羊发情周期为19～21d，平均

发情持续期 48h，平均妊娠期 149d。母羊年产羔 1.7 胎，初产产羔率 180.68％，经产产羔率 232.40％。公羔初生重 1.62kg，母羔初生重 1.55kg。羔羊哺乳期 45～60d。

四、饲养管理

南充黑山羊有较强的适应力，耐粗放管理，抗病力强，大多数散养户全年放牧，少部分散养户和部分规模场季节性放牧，部分规模场半舍饲和舍饲结合。粗饲料主要包括青贮玉米、作物秸秆、皇竹草、黑麦草、天然牧草等，并补饲玉米、麸皮、饼粕等精料。成年羊实行自然交配，羔羊以自然哺乳和自然断乳为主。主要免疫接种羊痘、口蹄疫、传染性胸膜肺炎、小反刍兽疫等疫苗，定期通过口服或药浴的方式进行驱虫。

五、品种保护利用情况

2008 年"营山黑山羊"证明商标获得国家商标局注册。2009 年纳入"中国地理标志产品名录"，成为中国地理标志保护品牌，并收录在《四川畜禽遗传资源志》。2012 年开始建立了黑山羊品种登记制度。2015 年营山县制订了《营山县黑山羊发展规划》，并打造了"黑山羊百里示范带"。2017 年启动南充黑山羊遗传资源调查和提纯复壮工作。2021 年南充黑山羊通过国家畜禽遗传资源委员会审定。2016—2021 年，营山县举办了五届"营山黑山羊"美食节，组织黑山羊养殖户、加工企业在美食节期间开展技术交流、线上营销和线下促销等优惠活动，建成了营山新恒阳年屠宰 30 万只肉羊的加工生产线，开发了"草药山黑山羊"等品牌的系列产品。

六、评价和展望

南充黑山羊体型较小，早期生长较快，后期生长较慢，性成熟较早，繁殖率高，肉质优良，遗传性能稳定，板皮质地柔软、结实。南充黑山羊可在南方地区推广饲养，可作为母本与其他品种山羊杂交生产商品肉羊。今后将加强与科研院校合作，应用现代遗传育种原理和分子生物学技术，开展南充黑山羊遗传资源的保护、选育与利用，稳步提升南充黑山羊生产性能。

玛 格 绵 羊

扫码看品种图

玛格绵羊（Mage sheep），是四川省绵羊地方品种之一，属肉毛兼用的小型绵羊。

一、一般情况

（一）中心产区及分布

中心产区位于四川省甘孜藏族自治州得荣县玛格山一带的日龙、曲雅贡、徐龙、古学和八日等乡镇。该县的茨巫、松麦、奔都、瓦卡、白松、斯闸，巴塘县的昌波、苏哇龙、德达、列衣、波戈溪、甲英，乡城县的正斗、然乌、洞松和稻城县的赤土等乡镇亦有分布。

（二）产区自然生态条件

产区位于北纬 28°09′—29°10′、东经 99°07′—99°34′，地处四川省西南部，属金沙江干旱河谷区。北部与巴塘、乡城县相连，东南部与云南省香格里拉市相邻，西南部与云南省德钦县毗邻，山川河流交错。

境内东西最大距离 44km，南北最大距离 112km，总面积 2 916km²。地形、地貌复杂，地势呈北高南低。最高海拔 5 599m，最低海拔 1 990m，高山大峡谷占全县面积 96％以上。属亚热带干旱河谷气候区。日照充足，年平均降水量为 363.3mm，蒸发量是年降水量的 6.5 倍。年平均气温 14.6℃，最高气温 36℃，最低气温−8.9℃，年均无霜期 243d 左右。

得荣县属于半农半牧县，耕地面积 4 213.53hm²，主产玉米、青稞、小麦和荞子。全县草地 139 463.48hm²，占得荣县土地面积的 47％，其中，天然草地 139 361.77hm²，占全县牧草地的 99.9％，牧草主要有禾本科、豆科、菊科等。

二、品种形成与变化

（一）品种形成

据《得荣县志》（2000 年版）记载，境内民族主要由公元 7 世纪松赞干布统一高原时，西藏自治区的阿里、江孜、贡布江达等地迁徙而来的吐蕃人，以及公元 1451—1509 年间，云南纳西王向康南各地军事扩张时随军的纳西族人和当地土著人构成。《维西闻见录》中记载："…。于是，自维西及中甸，并现隶四川之巴塘、理塘，木氏皆有之"；徐霞客《滇游日记》中讲，"北地山中人，无田可耕，作纳毛牛银为税"；《木氏宦谱》中记载："自奔子栏以北番人惧，皆降"，证实了吐蕃人、纳西族人和当地土著人的融合。畜牧业作为当地农牧区经济的重要组成部分，与各民族群众的生产生活关系密切，带来的绵羊经过长期饲养和人为选择，逐步形成了适应干旱河谷气候、耐粗饲、抗热和抗病力强的绵羊类群。由于主产区位于得荣县玛格山一带，故称玛格绵羊。

（二）发展变化

2005—2015 年期间，中心产区玛格绵羊存栏量的变化趋势见表 1。2010 年相比于 2005 年，存栏量减少了 5 851 只，能繁母羊减少了 4 798 只；2015 年相比于 2010 年，存栏量增加了 130 只，能繁母羊减少了 531 只。近 15 年，存栏量减少了 5 721 只，能繁母羊减少了 4 789 只。2016 年资源调查纯种存栏 4 495 只，能繁母羊 1 932 只，种公羊 253 只。2017 年得荣、乡城、巴塘分布区的统计数据为 18 126 只，其中能繁母羊 7 454 只。2018 年得荣、乡城、巴塘分布区的统计数据为 21 471 只，其中，能繁母羊 8 295 只。2019 年得荣、乡城、巴塘分布区的统计数据为 23 865 只，其中，能繁母羊 8 198只。2020 年得荣、乡城、巴塘分布区的统计数据为 22 973 只，其中能繁母羊 7 928 只。

表 1 2005—2015 年玛格绵羊存栏量变化趋势

类型	2005 年	2010 年	2015 年
存栏量（只）	28 365	22 514	22 644
能繁母羊（只）	12 504	7 706	7 175
种公羊（只）	855	522	485
其他（只）	15 006	14 286	14 984

注：表 1 数据由甘孜藏族自治州畜牧站，得荣县、乡城县、巴塘县农牧局于 2016 年 6 月调查所得。

三、品种特征和性能

（一）体型外貌特征

1. 外貌特征

玛格绵羊体格较小，结构紧凑，体躯呈圆桶状；头大小适中，颈短；胸宽和胸深适度，背腰平直，体躯匀称；多数无角，部分有角，纤细，黑色或灰褐色，多呈小螺旋形；尾短小，呈圆锥形；蹄质坚实；公羊睾丸发育良好，大小适中，母羊乳房匀称，柔软而有弹性。

公母羊头、颈、耳部毛色为黑色，其余部位为白色，少部分个体四肢有黑色斑点。公母羊多为无角，公羊无角个体占 72.4%，母羊无角个体占 77.0%，见表 2；公羊角略粗大，母羊角细而短。

表 2 有无角调查

性别	样本数（只）	有角（只）	无角（只）	无角占比（%）
母	682	157	525	77.0
公	254	70	184	72.4

注：表 2 数据由甘孜藏族自治州畜牧站，得荣县、乡城县、巴塘县农牧局于 2016 年 6 月调查所得。

2. 体重和体尺

放牧条件下，玛格绵羊初生重、6 月龄、12 月龄和成年体重和体尺等指标见表 3。公、母羊初生重分别为（1.52±0.09）kg 和（1.75±0.12）kg，6 月龄体重分别为（9.76±1.58）kg 和（9.52±1.92）kg，12 月龄体重分别为（18.89±1.68）kg 和（17.74±2.09）kg，成年体重分别为（45.48±4.34）kg 和（38.84±3.89）kg。

表 3 体重和体尺

年龄	性别	样本数（只）	体重（kg）	体长（cm）	体高（cm）	胸围（cm）
初生	公	63	1.52±0.09	—	—	—
	母	98	1.75±0.12	—	—	—
6 月龄	公	153	9.76±1.58	57.88±4.49	47.84±3.04	52.69±3.22
	母	201	9.52±1.92	57.42±4.56	47.00±2.84	51.82±3.96

(续)

年龄	性别	样本数（只）	体重（kg）	体长（cm）	体高（cm）	胸围（cm）
12月龄	公	136	18.89±1.68	75.97±5.75	56.06±6.56	72.48±8.17
	母	185	17.74±2.09	71.64±5.48	54.06±3.99	64.20±5.17
成年	公	75	45.48±4.34	91.26±6.97	68.94±7.68	90.84±6.72
	母	139	38.84±3.89	86.75±7.32	63.37±6.62	86.45±8.36

注：表3数据由甘孜藏族自治州畜牧站、得荣县、乡城县、巴塘县农牧局于2016年6月和2016年7月测定。

（二）生产性能

1. 产肉性能

随机选择发育良好、健康无疾病的12月龄玛格绵羊公、母羊各10只进行屠宰测定。公、母羊宰前活重分别为（19.96±4.05）kg和（15.63±2.84）kg，公、母羊屠宰率分别为（45.15±2.69）%、（45.61±1.98）%，净肉率分别为（34.51±2.07）%、（33.72±1.79）%，腿臀比例分别为（27.15±2.37）%、（27.76±1.05）%，具体指标见表4。

表4 12月龄玛格绵羊产肉性能

性状	公	母
样本数（只）	10	10
胴体重（kg）	8.94±1.54	7.15±1.51
净肉重（kg）	6.84±1.21	5.27±1.19
骨重（kg）	2.15±0.34	1.81±0.35
屠宰率（%）	44.79±2.69	45.75±1.98
净肉率（%）	34.27±2.07	33.72±1.79
胴体产肉率（%）	76.51±1.27	73.71±1.19
肉骨比	3.18∶1	2.91∶1
后腿重（kg）	2.41±0.37	1.99±0.43
腿臀比例（%）	27.15±2.37	27.76±1.05
GR值（mm）	2.31±0.79	1.05±0.23
眼肌面积（cm²）	9.29±2.01	7.47±1.15

注：表4数据由甘孜藏族自治州畜牧站和四川省草原科学研究院于2017年11月在理塘县定点屠宰场测定。

2. 产毛性能

每年5月剪毛一次，产毛量见表5。

表5 成年玛格绵羊产毛量

年龄	性别	样本数（只）	平均产毛量（kg）
成年	公	42	1.75±0.25
	母	181	1.49±0.24

注：表5数据由甘孜藏族自治州畜牧站和得荣县农牧局于2016年6月测定。

3. 繁殖性能

初配年龄为12～18月龄。每年6—9月母羊发情配种，发情周期为（18.0±2.5）d，发情持续

24~36h，自然交配。公、母羊配种比例为 1：（15~20），妊娠期（149.0±2.5）d，产冬羔和春羔，一年一胎，一胎一羔，羔羊 120~150d 断奶，断奶成活率 79%。公羊利用年限为 8~9 岁，个别优良种公羊可利用至 10 岁，母羊利用年限为 7~8 岁。

四、饲养管理

玛格绵羊羔羊 4~5 月龄断奶，公羊 6~12 月龄阉割去势。终年放牧，每年 4—9 月到高山夏秋季草场放牧，10 月至翌年 3 月到冬春季草场放牧。使用玉米秸秆、青干草、玉米、青稞作为草料和精料补饲。针对羊梭菌病、口蹄疫、布鲁氏菌病、炭疽等疫病，春秋两防。

五、品种保护利用情况

2017 年得荣县依托四川省科技厅科技扶贫项目在日龙乡龙绒村建立了得荣县玛格绵羊保种繁育基地，有核心群 1 个，6 个家系，羊 700 余只；生产群 2 600 多只。下一步将制订科学保种选育方案，以提高产肉性能和繁殖性能。

六、评价和展望

玛格绵羊对干旱河谷自然生态条件适应性强，特别在年降水量仅为 363.3mm、蒸发量为 2 100mm 的条件下，公、母羊成年体重能达到 45.48kg 和 38.84kg，而且善攀爬，是耐粗饲、耐干旱、抗热、抗病力强的小型绵羊类群。群体遗传变异程度较高（群体平均观察杂合度为 0.642），遗传多样性丰富（群体平均 PIC 为 0.706）。下一步工作中需制订保种选育方案，提高玛格绵羊的产肉性能和繁殖性能。

阿　旺　绵　羊

扫码看品种图

阿旺绵羊（Awang sheep）是西藏自治区绵羊地方品种之一，经济类型属于肉用型。

一、一般情况

（一）中心产区及分布

阿旺绵羊中心产区位于西藏自治区昌都市贡觉县阿旺乡，分布于昌都市贡觉县、江达县、芒康县、察雅县为主的四县13个乡镇。

（二）产区自然生态条件

阿旺绵羊产区地处青藏高原东南部，唐古拉横断山脉北段，金沙江上游西岸，位于北纬30°11′—30°15′、东经97°51′—98°58′，区内群山连绵，丘原交错，河流纵横，高山、湖泊、森林、草原并存。年平均气温6.3℃；日最高温29.9℃、日最低温−25℃；日平均气温0℃以上为245d，无霜期85d；年平均降雨量480mm；全年日照约为2 100h；雨热同期，旱雨分明，属大陆性高原季风气候。由于地处横断山脉，高山深谷，立体气候特征突出，气候差异较大，素有"一山有四季、十里不同天"之称。分布区大致可分为东部海拔2 800～3 500m沿金沙江河谷地带气候较温暖湿润；北部和中部海拔3 500～3 900m气候温暖较干旱；西南部海拔3 900～4 500m气候湿凉半干旱半湿润，而阿旺绵羊中心产区属后两种气候类型。产区牧草每年于4月下旬萌发，6月初返青，一般生长期4个月。

二、品种形成与变化

（一）品种形成

阿旺绵羊属于西藏绵羊的一个地方类群，以西藏昌都市三江流域接壤地区贡觉县阿旺乡而得名。昌都"卡洛新石器时代文化遗址"提供了在距今4 600多年前的藏族先民饲养家畜（包括羊）的线索：在这一文化遗址的第二文化层，发现了大量动物遗骸（羊、猪等）和羊粪堆积；在第三文化层发现了类似于现今西南各少数民族地区常见的屋下畜圈，阿旺绵羊曾一直是寺庙和旧时地方政府的上等供品，或各类祭祀活动重要的祭祀品，后人以"阿旺乡"的名字命名了藏系绵羊，俗称阿旺绵羊。

（二）发展变化

阿旺绵羊是藏系绵羊品种中的一个特殊生态类型，是当地居民以当地固有的绵羊群体为基础，经过长期精心选择，在长期闭锁繁育条件下选育出的品种（类群），并摸索出"出劣留优""秋配春产"的饲养、繁殖规律，总结出"公羊好，好一坡；母羊好，好一窝"的饲养、繁殖经验。据2019年年底统计，阿旺绵羊存栏数为12.62万只，其中心产区贡觉县阿旺乡存栏数为1.80万只。

三、品种特征和性能

（一）体型外貌特征

1. 外貌特征

阿旺绵羊头中等大小，颈长短适中。有角，公羊角向后呈大弯曲状或向外呈扭曲状；母羊角弯曲扭转斜向两侧前上方伸展，鼻梁拱。毛被以白色为主体，羊只头部、颈部、腹下同为棕色或黑色，大腿内侧后部有相应棕色斑或黑色斑；四肢有相应棕色斑或黑色斑。体躯高大，体质结实，全身各部位结合匀称，体躯呈长方形，背腰基本平直，四肢较长，蹄质坚实。公羊体态雄壮，睾丸发育良好；母羊体形清秀，乳房发育良好，呈球形或梨形，属细短瘦尾型。

2. 体重和体尺

阿旺绵羊体重和体尺测定结果见表 1。

表 1　阿旺绵羊体重和体尺

年龄	性别	只数	体重（kg）X±S	体高（cm）X±S	体长（cm）X±S	胸围（cm）X±S
初生羔羊（24h 内）	公	68	3.50±3.86	—	—	—
	母	57	3.28±1.59	—	—	—
断奶（4 月龄）	公	52	19.32±1.92	—	—	—
	母	48	17.3±2.39	—	—	—
育成（1.5 岁）	公	23	43.58±3.67	67.95±7.54	69.00±6.46	92.00±6.73
	母	15	41.27±4.20	66.75±3.51	67.89±6.41	87.52±4.14
成年（2 岁以上）	公	30	63.2±7.21	79.00±5.29	84.15±5.29	108.79±3.51
	母	32	52.63±6.85	73.00±4.65	77.60±3.86	97.34±4.15

（二）生产性能

1. 产肉性能

（1）屠宰性能　阿旺绵羊屠宰性能见表 2。

表 2　阿旺绵羊屠宰性能

年龄	性别	只数	宰前活重（kg）X±S	胴体重（kg）X±S	净肉重（kg）X±S	屠宰率（%）	胴体净肉率（%）
6 月龄	公	10	36.20±3.40	15±2.30	12±3.75	41.44	80
	母	10	33.14±2.83	14±1.84	11±2.88	42.25	79
育成	公	10	50.72±4.67	24±2.54	17±3.94	47.32	71
	母	10	40.12±3.35	20±1.83	15±3.15	49.85	75
成年	公	10	64.32±6.02	30±2.71	21±4.26	46.64	70
	母	10	53.25±2.34	29±2.68	20±3.71	54.46	69

（2）羊肉品质研究　阿旺绵羊肉质研究表明：水分含量达到 73.03%，蛋白质含量 22.01g（以 100g 计），脂肪含量平均为 3.16g（以 100g 计），胆固醇含量平均为 28.29mg（以 100g 计），羊肉检

出了 18 种氨基酸总氨基酸 19.33g（以 100g 计），饱和脂肪酸总量为 44.57g（以 100g 计）。钙含量为 3.53mg（以 100g 计），硒含量 2.88mg/kg。

2. 产毛性能

阿旺绵羊成年公母羊不同肩部、体侧、股部三个部位平均毛丛自然长度分别为：成年公羊毛长分别为 95.40mm、99.68mm、115.44mm，母羊分别为 65.72mm、62.39mm、83.06mm；育成公羊毛长分别为 80.52mm、86.11mm、103.63mm，母羊分别为 62.95mm、64.53mm、78.95mm。

阿旺绵羊不同部位纤维类型分别为：肩部无髓毛占 78.23%，有髓毛占 18.85%，两型毛占 2.82%；体侧无髓毛占 75.95%，有髓毛占 20.23%，两型毛占 3.42%；股部无髓毛占 64.75%，有髓毛占 24.86%，两型毛占 10.18%。

阿旺绵羊肩、侧、股平均直径分别为：无髓毛直径 25.97μm、有髓毛直径 52.44μm、两型毛直径 41.99μm。

3. 繁殖性能

阿旺绵羊母羊初情月龄平均为 12～16 月龄；初配月龄平均为 20 月龄；初产月龄平均为 48 月龄；发情持续期平均 29h；妊娠期平均 148d。公羊性成熟为 10～12 月龄，初配年龄为 18 月龄后，配种期一般在 10—11 月，翌年 3～4 月产羔，遵循"秋配春产"的规律，自然交配情况下，产羔率 91.14%，成活率 91.33%，一年一胎，单胎。

四、饲养管理

阿旺绵羊以放牧为主，饲养规模为 500～800 只/群，夏、秋季在夏季牧场放牧，冬、春季在冬春草场放牧，牧归后群体适当补饲青干草和精料，自由饮水。一般补饲青干草量为 0.5kg/只，补饲精料量为 0.1～0.2kg/只，补饲时间为 5～6 个月，日放牧时间的长短随季节而变化。羔羊初生至断奶 4 个月为止随母羊分群放牧，适当补充配合精料和代乳粉或奶粉，30 日龄羔羊跟随母羊外出放牧并采食少量的嫩草，断奶后一般以采食饲草为主。

五、品种保护利用情况

尚未建立阿旺绵羊保护区和保种场，目前自治区提倡养殖转型升级，养殖逐步走向集约化、标准化方向发展，但仍存在养殖自繁自养状态。近年来，通过实地调研和引进种羊建立阿旺绵羊的良种繁育体系，有效纯化了阿旺绵羊的血统，开展了阿旺绵羊饲养较集中的乡镇划定保护区，实施保护区保种，严禁引进其他品种杂交，在保种区域内设核心群、保种群，并有计划、有组织地与保种场进行本品种选育工作，这将丰富我国绵羊品种资源，保护青藏高原绵羊遗传资源，促进西藏自治区养羊业发展。同时，提高广大牧民科学养殖意识，优化羊群质量，提高生产性能，采用更可靠的保护措施。

六、评价和展望

阿旺绵羊具有体型大、生长发育快、产肉性能好、遗传性能稳定、屠宰率高、抗病力强、耐粗饲、饲料报酬高、胴体重、耐严寒、抗风沙、善跋涉等优良特性，该绵羊选用藏系绵羊品种作父本进行本品种选育和经济杂交，培育和发展高原特色畜牧业经济，但在产肉性能方面还有提升的空间，这需要在今后的育种饲养管理等过程中加以提高，以使其向肉用性能方向发展。

泽 库 羊

扫码看品种图

泽库羊（Zeku sheep）是青海省泽库地区绵羊遗传资源之一。

一、一般情况

（一）中心产区及分布

泽库羊主要分布在青海省黄南州泽库县，中心产区为黄南藏族自治州泽库县宁秀乡、和日乡和王家乡。

（二）产区自然生态条件

泽库县，又称滇乃亥，位于青海省的东南部，黄南藏族自治州中南部，县境内大部分地区在海拔3 500m以上，最高点是北部的杂玛日岗山，海拔4 971m，最低点海拔2 800m。气候为高原大陆性季风气候，属高原亚寒带湿润气候区。由于地势的影响，形成了全县不同海拔的植被、土壤、气候的地域差异和垂直变化。有高山带、亚高山带、滩地、河谷阶地、低山丘陵五大地带。

二、品种形成与变化

（一）品种形成

泽库系藏语，意为"山间盆地"，因地势得名，泽库羊意为"山间盆地的羊"。泽库羊的先祖为草原羊（亦称盘羊），俗称大角羊或大头羊，是青藏高原的原始羊种，经千百年自然选择和人工驯化，在相对封闭的环境中选择形成的一个独特的地方羊遗传资源，在泽库县畜牧业生产中占有重要地位，是牲畜构成的主要品种之一。

（二）发展变化

2010年，泽库羊遗传资源核心产区存栏约29.68万只；2021年，核心产区存栏约16.53万只。

三、品种特征和性能

（一）体型外貌特征

1. 外貌特征

泽库羊体质结实，肢体高大，腰背较宽平，后躯较丰满。头呈倒三角形，鼻梁隆拱，耳长下垂。公羊角粗大，呈螺旋状向外伸展或稍向前；母羊角较发达向左右平伸。尾短小呈圆锥形。尾周围部分区域为刚毛。公母羊正身被毛均为白色，头肢多为褐色，被毛较短，绒毛含量高，手感柔软。公羊前胸着生较长白色"胸毛"。

2. 体重和体尺

经测定，泽库羊成年公羊体高、体长、胸围、体重分别为 80.22cm、90.00cm、104.44cm、68.84kg；成年母羊体高、体长、胸围、体重分别为 75.80cm、86.00cm、99.80cm、47.80kg。

（二）生产性能

1. 产肉性能

泽库羊是青海藏羊遗传资源中一个独特的生态类型，其体格大、产肉多、放牧抓膘性能好，对严酷的高原自然生态环境有较强的适应性。成年公羊宰前活重、胴体重、屠宰率为 53.64kg、23.68kg、44.15%；母羊宰前活重、胴体重、屠宰率为 48.53kg、22.30kg、45.95%。

2. 繁殖性能

泽库羊公羔在 6～8 月龄即有性行为，一般 1.5 岁配种，3.5 岁配种能力最强，6 岁以后配种能力下降。母羊的母性良好，繁殖性能高，育羔能力强。母羊 10～12 月龄初情，1.5～2 岁初配投产，一年一胎，一胎一羔，双羔极少，终生产羔 4～6 胎，7 月下旬至 8 月下旬为发情旺季，发情周期为 16～18d，发情持续 1～2d，妊娠期多为 150d 左右，大部分于 7—8 月配种，12 月至翌年元月产冬羔，少部分于 11—12 月配种，翌年 3—4 月产春羔。成年母羊繁殖成活率 90% 以上。母羊乳房发育好，匀称，保姆性好。

四、饲养管理

泽库羊主要分布在海拔 3 600m 以上地区，产区主要饲养方式为常年放牧，草场一般分夏季草场和冬季草场放牧，基本上无补饲，部分在冬春季节少量补饲青干草，夏季草场一般无棚圈，以露营和游牧生活为主，近年来，随着牧区"四配套"建设的迅速发展和高效养殖技术的推广，冬季草场畜用暖棚占有量逐步提高。11 月份进入冬季牧场，直到次年 5—6 月转到过渡草地，7—9 月进入夏季草场。放牧一般早出晚归，自由放牧。8 月，成年羊日采食鲜草约 4kg，草场附近应有水源，冬春季节每天中午饮水 1 次，夏秋季节每天中午和下午各饮水 1 次。冬季草场主要分布在牧民定居点附近，现在一般建有暖棚、饲料棚等基本设施，饲养条件有所改善。近年来随着本品种选育项目、藏羊高效养殖技术和畜牧良种工程项目的开展和实施，牧民养殖观念正在逐步转变，羔羊早期断奶、冷季补饲等技术应用程度逐步提升，泽库羊个体生产水平也在渐渐提高。

五、品种保护利用情况

泽库县是泽库羊的主产区和主要分布区域，泽库羊是青海省优秀的绵羊遗传资源，生产性能突出，适应性强，是青藏高原畜牧业中的宝贵品种，一直受到青海省各级政府、各科研和推广机构、产区群众的高度重视和保护。为了加大对泽库羊的保护力度，在畜牧主管部门的大力支持下，泽库县于 2017 年成立了泽库羊保种、繁育与推广为主的良种繁育场，使泽库羊的选育和培育工作步入正轨，县畜牧专业技术部门重点对县东部和中部区域核心区内的泽库羊进行选留、组群，并组建了泽库羊核心群，组建后的泽库羊核心群基本保持外形偏于欧拉羊，体大肢高，头呈三角形，鼻梁隆起，公母羊均有角，头肢多为褐色，被毛粗短等遗传性状。

六、评价和展望

泽库羊的推广必须在农业农村部的指导和青海省畜禽品种区域规划的统一布局下展开，在泽库县核心产区，依托现有种畜繁育场，建立完善泽库羊保护和良种繁育体系，科学组织开展本品种选育，保种和提纯并举，确保核心群血缘纯度和品质，夯实种源基础；在泽库县周边适宜发展地区积极进行种畜推广、切实发挥种畜效应，提高良种比例。同时，加大泽库羊杂交繁育和舍饲力度，促进牧民增收；进一步加大对泽库羊肉用性能改善、适宜杂交组合筛选、有机生产标准研发、特色肉品开发等方面的攻坚力度，在此基础上按统一规划、科学布局的原则，在适宜发展肉羊经济的其他地区开展泽库羊经济杂交，通过申报泽库羊遗传资源、打响泽库羊品牌等措施，培育新的产业增长点。

凉山黑绵羊

扫码看品种图

凉山黑绵羊（Liangshan Black sheep），又名黑绵羊，是我国四川省地方
品种之一，经济类型属于肉毛兼用型。

一、一般情况

（一）中心产区及分布

凉山黑绵羊分布于四川省凉山彝族自治州境内的布拖县、普格县、盐源县、喜德县、金阳县。中
心产区在布拖县和普格县的乌科梁子周边，州内其他地区也有分布。

（二）产区自然生态条件

凉山彝族自治州地处四川省西南部、青藏高原东南缘，是全国最大的彝族聚居区。凉山州气候属
于亚热带季风气候区，干湿分明，冬春季日照充足，少雨干暖；夏秋季云雨较多，气候凉爽；日温差
大，年温差小。年平均日照数1 627～2 562h，年平均气温14～17℃，降雨量1 000～1 100mm，无霜
期达230～306d。由于地理环境复杂多变，气候的垂直、水平差异很明显，有"一山分四季，十里不
同天"。

凉山黑绵羊主产区布拖县、普格县是凉山彝族自治州的二半山地区，属典型的半农半牧区，农作
物一年一熟，以玉米、洋芋、荞麦、燕麦为主，种草养畜前景广，适宜种植的牧草品种有光叶紫花
苕、燕麦、圆根、紫花苜蓿、黑麦草、三叶草等，主要饲养绵羊、黄牛和山地猪。主产区布拖、普格
两县面积3 600余km²，属亚热带滇北高原气候区，气候呈立体型，其特点是冬长夏短，气候寒
冷，雨量充沛，干湿季节明显，日照充足。年平均气温10.1℃［最冷月（1月）平均气温1.4℃，
最热月（7月）平均气温17.3℃；极端最高气温30.3℃，极端最低气温零下25.4℃］；年平均降
水量1 113mm，年蒸发量1 776mm，年均相对湿度75％；年平均日照时数1 986h，无霜期201d。
产区有天然草地787.06hm²，可利用草地占80％以上，牧草种类繁多，常年保有人工牧草面积达
20余万亩。

二、品种形成与变化

（一）品种形成

凉山黑绵羊是凉山州二半山区饲养的重要畜种，其历史较为悠久。据有关史料记载，彝族先民是
一个迁徙的民族，以牛羊游牧为主，且非常崇尚养羊。《西南彝志》《夷俗记·牧羊篇》《越嶲厅全志》
《岭外代答·绵羊》和彝文古籍《勒俄特依》等均描写了彝族迁徙时放牧绵羊的场景。其中《岭外代
答》卷六记载："绵羊，出邕州溪峒及诸蛮国……有白黑二色，毛如茧纩，剪毛作毡"，这是凉山彝区
有黑绵羊的记载。凉山黑绵羊中心产区布拖县和普格县是彝族聚居的高寒山区半农半牧县，也是火把
节的发源地。由于彝族在长期的民间活动中，对黑毛、螺旋角和祭祀等的偏好，绵羊群体在彝族先民
不断驯化、选育下，形成了在当地适应性强、数量多、肉用性能好的黑绵羊群体。饲养黑绵羊是当地
彝族农牧民最主要依赖的畜种资源和生产方式。2021年11月23日，凉山黑绵羊被农业农村部列为

全国"畜禽 10 大优异种质资源"之一，正式成为新品种。

（二）发展变化

2015 年，布拖县存栏黑绵羊 8.6 万只，其中纯黑色个体约占 70％。截至 2021 年，全州凉山黑绵羊存栏达 30.85 万只，公羊存栏 1.507 万只，基础母羊存栏 19.12 万只，其中，布拖县存栏 16.02 万只，盐源县存栏 6.85 万只，普格县存栏 4.5 万只，喜德县存栏 2.32 万只，州内冕宁、金阳、宁南等县市有少量分布。

三、品种特征和性能

（一）体型外貌特征

1. 外貌特征

凉山黑绵羊是肉毛兼用的中型绵羊类群，群体外貌基本一致。体质结实，结构较匀称，体格中等略显高大，前后躯均衡发育，胸深广，耳中等大小并向外平伸性半垂，额平宽，鼻梁微隆。公母羊均有角，公羊角大、呈螺旋形或捻曲状向后外弯曲，长而扁平；母羊为镰刀状向后小角，扁平。背腰平直，臀部稍丰满，尻部宽平略斜，体型呈圆桶状，具明显肉用体型。皮肤黑色、无皱褶；四肢粗壮、结实端正，蹄黑色或深褐色，蹄质坚实。尾瘦短、呈扁锥形，紧贴于臀部。公母羊均无肉垂，颈部无皱纹。公羊睾丸发育良好，大小适中、对称；母羊乳房小短、大小均匀，无副乳。

2. 体重和体尺

成年凉山黑绵羊体重和体尺测定结果见表 1。

表 1　凉山黑绵羊体重和体尺

年龄	性别	数量 （只）	体重 （kg）	体长 （cm）	体高 （cm）	胸围 （cm）	管围 （cm）
成年	公	32	53.51±8.44	74.09±4.87	67.74±3.10	95.82±5.14	10.04±1.18
	母	65	39.08±7.63	65.74±3.52	62.51±3.46	81.87±4.85	8.27±0.61

（二）生产性能

1. 产肉性能

凉山黑绵羊产肉性能较高，膻味较轻。在终年放牧的条件下，育成公羊胴体重平均为 17.61kg，屠宰率为 46.48％，净肉率为 41.18％；育成母羊胴体重平均为 16.15kg，屠宰率为 45.50％，净肉率为 39.82％。

2. 毛用性能

凉山黑绵羊被毛以纯黑色为主，黑色粗毛、异质毛，毛辫粗长，头部、腹部、四肢下部着生刺毛。成年公羊平均剪毛量为 1.52kg，毛辫长公羊平均为 16.88cm，净毛率为 74.64％；成年母羊平均剪毛量为 1.10kg，毛辫长平均为 10.18cm，净毛率为 72.56％。

3. 繁殖性能

凉山黑绵羊母羊发情较早，4～6 月龄有初情表现，10 月龄达性成熟，1.5 岁开始配种，发情周期一般为（15.87±0.43）d，妊娠期为（149.33±3.62）d，可利用年限为 4～5 年；公羊发情较母羊晚，6～8 月龄有初情表现，可利用年限 3～5 年。常年发情，但以春秋季较为集中；母羊一般年产一胎，一胎一羔，产双羔者很少，平均产羔率为 110.2％；羔羊繁殖成活率一般达 80％

以上。

四、饲养管理

凉山黑绵羊具有合群性、耐粗饲，在当地环境中饲养管理粗放，可终年放牧饲养。夏秋季在海拔较高的高山和高二半山草地上放牧饲养，冬春季下到海拔较低的二半山区放牧饲养，平坝地区或农牧结合地区以半舍饲、半放牧方式饲养，补饲秸秆等农副产品、优质青干草。羊群放牧时不分大小、公母，混群放牧饲养，自群繁育。羔羊实行自然哺乳和自然断奶。

近年来，随着实施畜牧标准化规模养殖、畜牧产业扶贫行动，以及农村经济条件的改善，绵羊养殖基础设施发展、养殖技术普及较快，凉山黑绵羊饲养管理技术稳步提高，如高床饲养、补饲、选种选配等，使羔羊的繁殖成活率、生长速度和出栏体重有所提高。

凉山黑绵羊抗病力强，日常饲养管理中需做好强制免疫和计划免疫，驱除体内外寄生虫。

五、品种保护利用情况

（一）品种保护

为加强凉山黑绵羊地方品种资源保护与产业化开发利用，2020年在凉山州畜牧站、四川省畜牧科学研究院指导下，由布拖县农业农村局整合相关资金建成"凉山黑绵羊良种繁育场"，有利于强化凉山黑绵羊本品种选育提高、良种繁育与推广。

（二）开发利用

布拖县为了发展黑绵羊产业，结合精准扶贫、脱贫攻坚战和乡村振兴的需要，充分利用、整合涉农项目资金建设凉山黑绵羊专业合作社（含集体经济组织、养殖大户）等49个，基本形成了"育-繁-推"的黑绵羊生产体系。此外，凉山州农业农村局也充分重视地方品种资源的开发与利用，联合四川省畜牧科学研究院、四川农业大学、四川省畜牧总站、布拖县农业农村局等开展凉山黑绵羊品种资源发掘，组织实施了四川省科技支撑计划项目——布拖黑绵羊种质资源调查研究与发掘，主要对黑绵羊遗传资源现状进行调查、评估、鉴定，以及选种、饲养管理、疫病防治等技术研究与推广，并指导、培训当地建立黑绵羊良种繁育场、专业合作社和养殖户饲养，并分别获得2019年四川省政府科技进步三等奖和天府畜牧兽医科技三等奖。

此外，为加强凉山黑绵羊品种选育、普及饲养管理和疫病防控技术，结合凉山黑绵羊养殖现状，参照国家相关标准，制定了《凉山黑绵羊选种技术》（Q/45270489—3·1—2016）、《凉山黑绵羊补饲配套技术》（Q/45270489—3·2—2016）、《凉山黑绵羊疾病综合防治技术规程》（Q/45270489—3·3—2016）等企业标准3个，正在申报四川省（区域性）地方标准4项。同时，布拖县农业农村局牵头正在申报"布拖黑绵羊"农产品地理标志，并注册了"国家地理标志证明商标"和"布拖黑绵羊"商标。

六、评价和展望

凉山黑绵羊是当地二半山区、高寒地区主要家畜品种之一，是当地农牧民重要的生产和生活资料，数量多、分布较广，具有独有的特征特性，对当地生态环境和粗放饲养管理条件具有很强的适应性，生长速度快，肉皮兼用，遗传性能稳定，是优良的地方特色绵羊种质资源。凉山黑绵羊是当地养殖户重要的收入来源，是实施产业扶贫和接续乡村振兴的重要产业，具有较好的应用前景。

下一步，将在品种资源认定的基础上以本品种选育为主，加强选种选配，对绵羊毛色、体格和生长速度等进行选择、培育，提高其产肉性能和繁殖性能，提高群体整齐度，将其培育成专门化的肉用品种。推广饲养管理技术、疫病防治技术、饲草料生产等科学饲养新技术，建立健全良种繁育体系，加大推广力度，凉山黑绵羊产业发展前景广阔。

勒 通 绵 羊

扫码看品种图

勒通绵羊（Letong sheep），是四川省甘孜藏族自治州理塘县地方品种之一，经济类型属于肉毛兼用型。

一、一般情况

（一）中心产区及分布

勒通绵羊中心产区位于四川省甘孜藏族自治州理塘县的禾尼乡和村戈乡。该县的高城镇、格木乡、德巫乡、拉波乡、奔戈乡和麦洼乡等乡镇及雅江县的红龙乡、柯拉乡均有分布。

（二）产区自然生态条件

理塘县地处甘孜藏族自治州西南部，金沙江与雅砻江之间，横断山脉中段，位于北纬28°57′—30°43′、东经99°19′—100°56′，辖区面积14 182km²，南北长215km，东西宽155km。最高海拔6 204m，最低海拔2 800m。属青藏高原亚湿润气候区，气候垂直变化显著，最低气温−30.6℃，最高气温25.6℃，年平均气温3.1℃，年降水量700mm左右，年平均日照时数2 672h，无霜期50d。全县草地面积为897 100hm²，占全县总面积的65.64%，可利用草地面积为708 929hm²，占草地面积的79.02%，草地植物种类丰富，可食牧草达200余种；耕地面积为4 266.67hm²，占全县总面积的0.30%，粮食作物以青稞、小麦、马铃薯、豌豆、胡豆、玉米及少量的荞子为主，发展养羊业具有很大的潜力。

二、品种形成与变化

（一）品种形成

据《西康之畜牧事业》（1942年）记载，理塘地区绵羊多为纯牧业者饲之。该绵羊头、颈及胸部多呈片状棕褐色，尾短小。《四川省甘孜藏族自治州畜种资源》（1984年）记载，古羌族是生活在理塘地区的古老民族之一，以养羊为主，绵羊肉、毛、皮和奶是当地牧民不可缺少的生产生活资料。可见勒通绵羊在理塘具有悠久的养殖历史。理塘境内西部的沙鲁里山脉纵贯南北，东部的扎嘎山脉（大雪山脉）横贯木拉、拉波两地，南向木里、稻城延伸。两条主要山脉构成了县内山脉纵横、诸峰重叠的地貌特征。境内海拔5 000m以上的高山有20余座。由于这种特殊的高山、河流阻隔的地理环境，以及历史上的部落、土司制度的影响，勒通绵羊和其他绵羊品种没有基因交流，经长期的自然和人为选择，形成了适应性强、生产性能优良的地方绵羊类群。理塘，藏语称为"勒通"，"勒"意为青铜，"通"意为草坝、地势平坦，全意为平坦如铜镜似的草坝，故命名为"勒通绵羊"。

（二）发展变化

2005—2020年，勒通绵羊中心产区及分布区存栏量的变化趋势见表1。

表 1　勒通绵羊存栏量近 15 年变化趋势

项目	2005 年	2010 年	2016 年	2020 年
存栏量（只）	77 748	73 896	67 533	42 440
能繁母羊（只）	35 080	32 006	37 239	26 252

三、品种特征和性能

（一）体型外貌特征

1. 外貌特征

勒通绵羊头、耳、颈、胸、前肢膝关节、后肢飞节毛色以棕色为主居多，部分头顶至鼻梁有一条白色毛带，少数头、颈为黑色，其他部位均为白色，有毛辫结构。胸宽而深，背腰平直；尾短小，呈圆锥形；蹄质坚实。公、母羊均有角，角为扁平状螺旋形，向两侧伸张；头呈三角形，鼻微隆，耳小微垂，颈长短适中。公羊睾丸发育良好，母羊乳房匀称。

2. 体重和体尺

勒通绵羊采用全放牧方式进行饲养，2016—2018 年测定的初生重，6 月龄（断奶）、18 月龄和 30 月龄体重和体尺等指标见表 2。公、母羊初生重分别为（2.41±0.36）kg 和（2.31±0.34）kg，6 月龄体重分别为（25.00±2.54）kg 和（25.07±2.59）kg，18 月龄公、母羊体重分别为（35.42±2.75）kg 和（32.10±4.10）kg，30 月龄公、母羊体重分别为（55.01±6.13）kg 和（49.44±7.31）kg。

表 2　勒通绵羊体重和体尺

年龄	性别	样本数（只）	体重（kg）	体长（cm）	体高（cm）	胸围（cm）
初生	公	72	2.41±0.36	—	—	—
	母	89	2.31±0.34	—	—	—
6 月龄	公	176	25.00±2.54	70.80±3.56	60.90±3.40	73.37±3.84
	母	218	25.07±2.59	68.23±4.84	60.33±2.37	73.53±4.65
18 月龄	公	164	35.42±2.75	84.61±4.28	69.56±3.91	87.26±4.88
	母	189	32.10±4.10	82.45±5.39	68.26±4.02	84.14±4.89
30 月龄	公	124	55.01±6.13	89.87±7.86	79.44±5.79	110.30±11.61
	母	145	49.44±7.31	86.40±7.47	74.44±4.99	99.70±4.95

（二）生产性能

1. 产肉性能

勒通绵羊周岁羊屠宰性能见表 3。公、母羊屠宰率分别为（47.02±1.72）% 和（47.80±2.31）%，净肉率分别为（35.95±1.37）% 和（36.07±2.68）%，腿臀比例分别为（24.85±1.09）% 和（27.79±2.55）%。

表 3　勒通绵羊周岁羊产肉性能

项目	公	母
样本数（只）	10	10
胴体重（kg）	15.22±2.65	12.72±3.03
净肉重（kg）	11.64±2.02	9.59±2.33

项目	公	母
骨重（kg）	1.64±0.32	1.38±0.27
屠宰率（%）	47.02±1.72	47.80±2.31
净肉率（%）	35.95±1.37	36.07±2.68
胴体净肉率（%）	76.48±0.94	75.39±4.19
后腿重（kg）	3.77±0.61	3.48±0.60
腿臀比例（%）	24.85±1.09	27.79±2.55
GR值（mm）	1.86±1.20	1.81±0.45

2. 繁殖性能

勒通绵羊公羊10～12月龄性成熟，母羊8～10月龄性成熟，初配年龄为18～21月龄。每年6—9月母羊发情，发情周期为（19.0±3.0）d，发情持续24～36h，放牧下自然交配，配种时间为6—9月，7月集中配种。公、母羊配种比例为1：（35～45），妊娠期（152.0±2.5）d，当年11—12月和次年1—2月产羔，一年一胎，一胎一羔，双羔极少，羔羊150～180日龄断奶，断奶成活率89%。公羊利用年限为8～9岁，母羊为7～8岁。

四、饲养管理

勒通绵羊早出晚归，终年放牧，全年分冬春季和夏秋季放牧，每年6月10日左右从海拔4 500m左右的冬春季放牧草场上搬至海拔4 000m左右夏秋季草场上放牧，10月31日左右搬回冬春季草场；冬春季草场转场3处放牧。公、母羊和妊娠母羊混群放牧，自然产羔。一般在7月份选择晴朗的天气剪毛，人工侧卧保定，用剪刀从腹部往上和左右剪羊毛。羔羊一般3个月断奶。不作种用的公羔6～7月龄阉割。每年春、秋季进行羊梭菌病、口蹄疫、布鲁氏菌病、炭疽等疫病的防治，使用阿维菌素和阿苯达唑进行驱虫。冬春季对弱畜和幼畜补饲青干草、青稞糌粑，每年补盐3～4次，撒在草场的平地上或石板上自由舔食。

五、品种保护利用情况

2017年在理塘县禾尼乡骡子沟（禾然尼巴村）建设勒通绵羊核心群350只，其中母羊320只，公羊30只。

六、评价和展望

勒通绵羊是经过长期的自然和人工选择而形成的适应当地高原寒冷生态环境的优良地方绵羊类群，具有耐粗饲、抗逆性强、适应性好、外貌特征显著、肉质好、抗缺氧能力强、遗传多样性丰富、体格大、性情温驯等特点，适应于高原粗放的绵羊资源。在生产中，应根据其种质资源特性，因地制宜，在高海拔地区大力推广，加强保种选育工作，加强饲养管理水平，提高其生产性能。

色 瓦 绵 羊

扫码看品种图

色瓦绵羊（Sewa Sheep），是西藏自治区绵羊地方遗传资源之一，经济类型属于肉乳兼用型。

一、一般情况

（一）中心产区及分布

色瓦绵羊主产区位于西藏自治区北部的班戈县及其毗邻的安多县、当雄县、尼玛县、申扎县和双湖县中心产区位于那曲市班戈县马前乡各村。

（二）产区自然生态条件

色瓦绵羊中心产区班戈县地理位置为北纬 29°56′17″—32°14′47″、东经 89°56′02″—91°16′32″，平均海拔 4 800m 以上，属高原亚寒带半干旱季风气候区。年日照时间为 2 944.3h，年平均霜期为 347.6d，无绝对无霜期。产区寒冷干燥，气候变化无常，昼夜温差大，年平均气温 0℃ 左右，年最高气温 21.9℃，最低气温 −28.6℃。1 月份平均气温为 −17.1℃，7 月份平均气温 16.5℃，冻土深度 3m。班戈县年降水量为 289～390mm，主要集中在 6—9 月，占全年降水总量的 80%。年蒸发量为 1 993.4～2 104.1mm，为降水量的 6.9～7.3 倍，年相对湿度为 41%，年径流量为 59.6mm。

色瓦绵羊产区土壤类型以高山草原土、高寒草甸土及高山荒漠土为主，平均产草量为 13.695 7 t/hm²，牧草品种有紫花针茅、高山蒿草、苔草、莎草、禾草和杂草等。

二、品种形成与变化

（一）品种形成

《格萨尔王传》中记载，"阿嘎贡顶之地是饲养绵羊的最好草地。""阿嘎贡顶"是现在的马前乡二村和五村，此地是饲养绵羊的最好天然牧场，不仅牧草长势良好，同时也生长各种天然草药。此处的草原面积大，海拔较高，水源干净，空气不受任何污染，所以是饲养绵羊最好的天然牧场，在此处绵羊也非常容易长膘，防病能力强。"色瓦"两个字的来源据说跟以前元朝忽必烈大汗的称谓有关联，也跟当时忽必烈统治时期的一个地名有关联。大约 16 世纪忽必烈给五世达赖阿旺洛桑加措供奉四户人家，经过几辈，这四家慢慢发展壮大成为四个部落，分别为色瓦上部、色瓦下部、色瓦林部和色瓦尼玛。与此同时，也有色瓦十部和色瓦玉部的分法。上述色瓦尼玛，属于班戈县马前乡辖区内。

（二）发展变化

色瓦绵羊近 20 年来群体数量无明显消长变化，种群数量一直保持在 48 万～50 万只。据统计，2020 年年底，色瓦绵羊存栏有 48.78 万只，中心产区色瓦绵羊存栏量为 4.5 万只左右。

三、品种特征和性能

(一) 体型外貌特征

1. 外貌特征

色瓦绵羊体型匀称，被毛以白色为主。脸部有黑色眼圈，肛门周边被毛呈黑色；第3、4掌骨和第3、4跖骨及其附近被毛呈黑色。公羊角向两侧平直外展或呈捻曲状外展；母羊角较小，呈倒"八"字形。背腰平直，尾巴短小，四肢较长，蹄质坚实。

2. 体重和体尺

西藏自治区农牧科学院畜牧兽医研究所和西藏自治区畜牧总站连续4年（2017—2020年）在班戈县央嘎牧业专业合作社（西藏班戈县马前乡二村）和索那秋日牧泊牧业专业合作社（西藏班戈县马前乡五村）对色瓦绵羊群体生长性能跟踪测定。

色瓦绵羊生产性能场内测定主要包括初生羔羊（每年3月上旬）、1月龄（每年4月上旬，公、母各30只）、1月龄断奶羔羊（每年5月上旬，公、母各30只）、6月龄（每年9月上旬，公、母30只）、9月龄羔羊（每年12月上旬，公、母各30只）、周岁（每年3月上旬，公、母各30只）、1.5岁（每年9月上旬，公、母各30只）和成年羊（每年9月上旬，公、母各30只）不同生长发育阶段。详细体重和体尺见表1。

表 1 色瓦绵羊体重和体尺

年龄	数量（只）	性别	体长（cm）	体高（cm）	胸围（cm）	十字部宽（cm）	体重（kg）
初生	60	公	27.20±0.11	34.00±1.00	35.70±1.25	6.00±0.22	2.36±0.14
	60	母	25.40±0.13	33.00±0.42	33.00±1.19	5.80±0.40	2.20±0.13
1月龄	60	公	44.32±0.26	46.66±0.80	49.81±1.78	8.68±0.32	7.82±0.38
	60	母	42.78±0.45	44.73±0.97	48.12±0.41	8.52±0.12	7.53±0.21
2月龄	60	公	49.29±3.20	50.59±1.33	62.30±1.09	11.77±0.13	16.33±1.18
	60	母	47.18±2.20	48.38±1.24	58.44±1.09	11.04±0.13	14.18±1.27
6月龄	60	公	69.64±2.87	70.75±1.27	82.55±3.87	13.69±0.19	28.77±1.24
	60	母	66.35±2.23	70.48±1.28	82.38±3.90	12.94±0.17	26.91±1.11
9月龄	60	公	69.25±3.25	70.38±1.33	82.37±4.00	13.82±0.17	26.61±2.41
	60	母	66.56±2.19	67.68±1.34	80.80±4.79	13.22±0.14	24.21±2.00
周岁	40	公	69.25±3.25	70.75±1.27	81.00±5.10	15.50±0.50	24.50±3.50
	60	母	66.50±1.50	67.83±2.60	76.60±3.41	15.10±0.90	21.21±3.77
1.5岁	40	公	75.65±2.59	74.94±1.08	89.06±1.07	16.83±0.17	33.56±3.37
	60	母	71.29±2.09	71.36±1.15	87.58±1.12	16.59±0.48	31.48±2.27
成年	40	公	77.45±1.87	78.44±1.01	91.28±1.10	17.82±0.18	48.69±3.88
	60	母	75.23±1.32	76.39±1.47	88.88±1.01	17.45±0.35	45.55±2.11

(二) 生产性能

1. 产肉性能

纯放牧6月龄羯羊和母羊屠宰率为39.9％和38.6％，纯放牧9月龄羯羊和母羊屠宰率为38.5％

和 36.8%，纯放牧 12 月龄羯羊和母羊屠宰率为 32.3%和 30.4%，纯放牧 18 月龄羯羊和母羊屠宰率为 48.7%和 47.2%，纯放牧成年羯羊屠宰率为 50.4%。

2. 产乳性能

色瓦绵羊泌乳期为 2.5 个月，平均日产乳为 0.85kg。

3. 繁殖性能

色瓦绵羊性成熟较晚，公羊为 9 月龄，母羊为 8 月龄。适配年龄 1.5～2.5 岁，母羊发情多集中在 9—11 月，发情周期为 21d 左右，发情持续期一般为 48h 左右。妊娠期一般为 150d（146～155d）。通常一年产一胎，现阶段母羊产羔率为 80%～90%，成活率为 80%～85%。

四、饲养管理

色瓦绵羊全年放牧饲养。根据青草期牧场和枯草期牧草的划分，轮流放牧。

种公羊一般在配种前 1 个月进行补饲，妊娠、哺乳母羊及病、弱羊适时补饲，在有条件的合作社，在枯草期给所有羊群补饲青干草和精饲料。

种公羊、羯羊及育成公羊单独组群、单独放牧，母羊及羔羊等另外组群。以单个群体为 200～250 只为宜，具体应根据当地草场及合作社/牧户饲养数量确定羊群规模。配种期，按公母比例为 1∶25～1∶30 的原则将放种公羊投至能繁母羊群中。

五、品种保护利用情况

目前，班戈县计划在核心区建设色瓦绵羊原种场（保种场）1 座和扩繁场 1 座。近年来班戈县政府有计划地进行本品种选育，已取得显著的成绩，于 2018 年成功注册"色瓦绵羊"商标注册证，于 2021 年获得"班戈色瓦绵羊"农产品地理标志等。

六、评价和展望

色瓦绵羊是藏北高原的一个具有一定特色的畜种，是我国的宝贵畜种资源之一。色瓦绵羊具有极强的生存能力，属于抗逆性强、遗传性稳定、耐寒耐粗饲等综合品质高的新类群。

今后应突出该品种羊的体重较大、适应性好的特点，做好保种工作的同时，加强本品种选育工作和推广工作，不断扩大色瓦绵羊的种群规模，使该优秀绵羊遗传资源为藏北绵羊品种改良和养羊业发展做出更大的贡献。

霍尔巴绵羊

扫码看品种图

霍尔巴绵羊（Holba sheep），是西藏自治区高原型绵羊地方品种之一，经济类型属于肉毛兼用型。

一、一般情况

（一）中心产区及分布

霍尔巴绵羊主要产区位于日喀则市仲巴县境内及雅鲁藏布江源头杰玛央宗冰川区域，中心产区位于日喀则市仲巴县霍尔巴乡玉烈村、布穷村、贡桑村和扎次村四个村，辐射区位于日喀则市萨嘎县、昂仁县、聂拉木县、谢通门县等县。

（二）产区自然生态条件

霍尔巴绵羊中心产区位于仲巴县，北纬 29°09′—31°49′、东经 82°06′—84°49′ 之间，平均海拔 5 000m 以上，属高原亚寒带半干旱气候区，年平均日照时数 3 000h 以上，年无霜期为 110d 左右，年降水量 280mm，多集中在 6—9 月。产区平均气温 1～2℃，最低气温－40℃。草地类型多样，草场总面积 70.9 万 hm²，冬春草场与夏秋草场面积比例为 1∶3.5，主要植物有紫花针茅、草地早熟禾、冰川棘豆、细叶苔、青藏苔草、红景天、垫状点地梅、矮大绒草、垫状毛菊等。草地覆盖率为 20%～30%，平均亩产鲜草 23kg。

二、品种形成与变化

（一）品种形成

霍尔巴绵羊是在高寒草原自然生态条件下形成的地方优势资源，因主要分布在仲巴县霍尔巴乡而得名。在中华人民共和国成立前，仲巴地区分南、北两大地和 14 个组，北部称为"搏昂"九组，南部称为"霍尔"五组，现在的霍尔巴乡属霍尔五组，叫霍尔卓岳，其大概地理位置是现在霍尔巴乡境内的党琼山和秋吴山之间，这个地方素来土地肥沃、水草丰富。特殊地理位置和自然环境造就了膘肥体健的霍尔巴绵羊，受到了当地高僧喇嘛和高官贵族的厚爱，每年春、秋两季噶夏政府专派税官到霍尔卓岳收缴羊肉、羊毛和酥油，作为藏历新年和雪顿节的上等佳肴。同时，萨迦寺和阿里普兰新毕林寺也以"三大领主"的名义从霍尔卓岳收缴相应的羊肉、羊毛和酥油。

（二）发展变化

霍尔巴绵羊近 20 年内群体数量无明显消长变化，种群数量一直保持在 40 万只左右。据 2020 年统计，霍尔巴绵羊存栏量为 43.90 万只，核心区霍尔巴乡存栏量为 6.00 万只，其他几个乡镇辐射区存栏量为 37.90 万只。

三、品种特征和性能

（一）体型外貌特征

1. 外貌特征

霍尔巴绵羊体质结实，匀称，体型较大，头大小适中，呈三角形，公母羊均有角，公羊大部分有大螺旋形角，母羊大部分亦有大或小螺旋形角，极个别无角，角的颜色以蜡黄色为主，少量为黑褐色。鼻梁稍隆起，耳细短，颈部粗壮结实，体躯近方形，背腰平直，十字部结合良好。尾短小呈锥形，属细短瘦尾型，四肢高而健壮，肢蹄形正，飞节以下和腹毛着生刺毛，被毛以体躯白色、头肢杂色为主，体躯杂色和纯白个体较少。

2. 体重和体尺

霍尔巴绵羊体尺和体重详见表1。

表1 霍尔巴绵羊体尺和体重

年龄	性别	体高 （cm）	体长 （cm）	十字部宽 （cm）	胸围 （cm）	管围 （cm）	体重 （kg）
成年	母	71.20±3.00	78.27±2.05	18.50±0.57	93.63±2.81	8.26±0.25	50.64±2.36
	公	76.33±3.69	79.98±3.41	19.38±1.58	99.13±2.36	8.18±0.33	53.65±2.64

（二）生产性能

1. 产肉性能

霍尔巴绵羊产肉性能见表2。

表2 霍尔巴绵羊屠宰性能

年龄	宰前活重 （kg）	胴体重 （kg）	净肉重 （kg）	屠宰率 （%）	胴体净肉率 （%）
1岁	21.79±4.54	8.51±1.64	5.71±1.12	39.05	26.20
2岁	45.96±1.92	24.36±0.90	13.62±0.61	53.00	29.63

2. 产毛性能

霍尔巴绵羊全年剪一次毛，8月份开始剪毛。霍尔巴绵羊成年公、母羊平均剪毛量分别为1.08kg、0.72kg，毛长分别为13.83 cm、12.52cm，育成羊平均剪毛量分别为0.67kg、0.73kg；毛长分别为13.42 cm、12.98 cm，羊毛纤维类型以粗毛为主，是制造地毯的好原料。

3. 产奶性能

霍尔巴绵羊哺乳期一般为3个月，在哺乳期间，母羊产乳可以满足羔羊需要。日挤奶2次，据对20只母羊进行测定结果，平均日挤奶（0.26±0.02）kg，油脂含量达11.7%。

4. 繁殖性能

霍尔巴绵羊性成熟较早，公羔一般8～9月龄便有性行为，母羊1.8～1.9岁开始配种，发情季节通常在8月底至10月，妊娠期为150d左右，一般为自然交配，一年一胎，一胎一羔，羔羊成活率达90%以上。

四、饲养管理

霍尔巴绵羊全年放牧饲养。枯草期间主要对怀胎母畜、体弱羊只进行2～3次的补饲。草场分为

夏季草场和冬季草场，其中夏季草场距定居点较远，主要是夏秋季羊只放牧地，夏季草场面积大，可提供较充足的牧草；冬季草场面积较小，主要用于羊群过冬，特别是母羊产羔期间的放牧，冬春季节进行少量补饲，产羔母羊补饲少量青干草及农副产品，产羔季节会为母羊提供简易的羊圈式保暖产房。

五、品种保护利用情况

目前，霍尔巴绵羊原种场有 1 座，扩繁场有 7 座，另有 17 座扩繁场即将投入使用。近十年来当地政府有计划地实施本品种选育，并取得了显著成绩，2016 年获得有机转换认证证书，2018 年成功注册地理标志证明商标。

六、评价和展望

霍尔巴绵羊是藏系绵羊中的一个特殊群体，具有体格大、产肉性能好，对当地的自然、生态条件具有极强的适应性等特点。今后应突出该品种羊体重大、适应性好的特点，做好保种工作的同时，着力开展本品种选育工作和繁育工作，加强选种选配工作，改善饲养管理条件，建立健全霍尔巴绵羊繁育体系，不断扩大霍尔巴绵羊种群数量，加大推广力度，使该优质绵羊遗传资源为藏羊品种改良和养羊业发展做出应有的贡献。

多 玛 绵 羊

扫码看品种图

多玛绵羊（Duoma sheep），又名安多绵羊，是西藏自治区地方品种之一，经济类型属于肉毛兼用型。

一、一般情况

（一）中心产区及分布

多玛绵羊中心产区为安多县雁石坪镇和多玛乡，玛曲乡、岗尼乡、玛荣乡、色务乡等四乡是其主要分布区和扩繁区。

（二）产区自然生态条件

产区位于西藏北部，著名的唐古拉山脉南北两侧，属高原山川地形，平均海拔 5 200m，是至今人类定居生活的最高海拔地区。产区高寒缺氧，年平均气温 −2.8℃，全年无绝对无霜期，各月均有降雪可能。年均降水量 40mm，年平均降雪日为 59d，年平均大风天数 200d 以上，年平均日照时数约为 2 847h。该区域是典型大陆气候，地表冻土时间达 6 个月左右，野生牧草有 170～180d 的生长期，产区河流、湖泊众多，均为高山冰川，由积雪融化和降雪降雨等形成。土质分别是高山草原土、高山荒漠草原土、高山寒冻土，主要自然灾害有雪灾、旱灾、风灾、冻灾、洪灾、冰雹等。

二、品种形成与变化

（一）品种形成

多玛绵羊是生活在平均海拔 5 000m 以上，经长期自然选择及近年来人工选育，小规模分散放牧饲养而形成的高寒草地型绵羊品种。史料记载，在吐蕃王朝时期，安多已经有多处居住点，"多玛绵羊"数量达到一定规模。公元 1240 年，蒙古将领多达进入藏北地区，公元 1281 年忽必烈派遣将领桑哥蒙古军队屯驻藏北唐古拉山口附近，因当时交通不便、长途跋涉、物资缺乏和高寒缺氧，许多士兵生命垂危，就食用了当地饲养的绵羊，发现其肉质细嫩、味道鲜美、抵御高寒缺氧能力奇强，挽救了大批士兵的生命。公元 14 世纪，青海有一户嘎加的藏族人带领一些人来到安多的江措日瓦（原加傲乡一带），形成了江措日瓦部落，这个部落人多势强，逐渐在安多形成了统治地位。随着部落不断地发展，先后划分出扎儒、嘎加、雪前、雪琼、多玛、买玛、色多、江措日瓦等部落，这些部落在部落名前冠有"安多"二字，史称"安多八部落"。其中，多玛部落日趋发展壮大，畜牧业也有了一定规模，因此"多玛绵羊"一名就由此而生。

（二）发展变化

截至 2020 年年底，多玛绵羊存栏量约为 33.2 万只，其中 0～2 岁公羊 52 936 只（占比 15.95％），母羊 68 927 只（占比 20.77％）；2～7 岁公羊 92 354 只（占比 27.83％），母羊 117 664 只（占比 35.45％）。

三、品种特征和性能

（一）体型外貌特征

1. 外貌特征

多玛绵羊被毛为粗毛，绝大部分为白色，个别为褐色，眼圈及鼻端大部分为黑色或褐色。眼睑和口唇主要为黑色，褐色约占 20%，少部分为粉色。其体质结实、匀称、体格较大，较西藏草地型绵羊、雅鲁藏布江型绵羊体型大。头大小适中，头部无长毛覆盖。公羊大部分有大螺旋形角，母羊大部分亦有大或小螺旋形角，极个别无角，角的颜色以蜡黄色为主，约占 90%。眼睛大小适中，鼻梁稍微隆起，耳细短，绝大部分下垂或半垂。颈部粗壮结实，头颈部结合良好，胸部较宽深结实，背腰平直，尻部较丰满。四肢骨骼粗壮，肌肉较丰满，蹄质结实，适于放牧。尾型为细垂尾，尾色为白色。

2. 体重和体尺

多玛绵羊成年羊体重和体尺见表1。

表 1　多玛绵羊成年羊体重和体尺

性别	体重 (kg)	体高 (cm)	体长 (cm)	胸围 (cm)	胸深 (cm)	胸宽 (cm)	管围 (cm)	尾长 (cm)	尾宽 (cm)
公	60.7±6.6	80.8±3.9	82.8±4.2	110.5±8.3	45.8±1.8	33.5±1.3	9.6±0.8	12.9±2.2	5.0±1.0
母	53.4±4.8	75.7±3.8	78.4±4.0	104.1±4.9	44.1±1.7	32.5±1.5	9.0±1.0	11.8±1.7	4.4±0.7

（二）生产性能

1. 产肉性能

在多玛绵羊主产区自然放牧条件下，选择发育正常、膘情中等的 50 只羯羊进行屠宰试验，在现场和实验室对肉品质进行测定。结果表明：2 岁多玛绵羊羯羊宰前活重达到（40.15±2.77）kg，胴体重达到（15.99±1.77）kg，屠宰率为（39.83±2.61）%，胴体净肉率（60.17±2.10）%，眼肌面积（11.06±1.25）cm²。

2. 产奶性能

羔羊哺乳期 3 个月左右，母羊产乳可满足羔羊需要，每只母羊除哺育羔羊外，每年可额外产奶 5kg。

3. 繁殖性能

多玛绵羊性成熟较早，公、母羊一般在 3～4 月龄就有性表现，性成熟年龄为 1 岁左右，公、母羊 1.5 岁开始配种，发情通常在 8 月底、9 月初出现，发情周期 14～17d，持续期约为 36h，妊娠期 148d 左右，一年一胎。

四、饲养管理

多玛绵羊全年放牧饲养，放牧草场分为夏季草场和冬季草场。夏季草场距离定居点较远，供夏秋季节利用，面积大，可为羊只提供充足牧草；冬季草场距离定居点较近，供冬春季节利用。

母羊产羔期间，有简易的单圈式土坯产羔房，产羔房入口封闭，背风向阳，保暖性好。冬春季节很好补饲，母羊产羔期少量补饲青干草。多玛绵羊性情温驯、易管理，难产、流产情况很少发生。

五、品种保护利用情况

多玛绵羊是西藏自治区那曲市安多县特有的绵羊品种，是安多县主打的特色产业品牌，是藏北唯一进入国务院 72 种重点畜种之一，也是安多县第一张"国家地理标志保护产品"名片，其羊毛和羊肉是地理标志保护产品。多玛绵羊体尺及体重较大，高于高原型绵羊、雅鲁藏布江型绵羊。

2016 年，在安多县人民政府的高度重视下，投资 1 200 余万元在雁石坪镇建设了一座多玛绵羊原种场，面积超过 1 000m²。多玛绵羊本品种选育，提高选育优良后代，对推广的种羊提出要求，种群或留种后代种品质达到特级或一级标准作为推广优良种羊，杜绝生产性能差、体格弱的种羊，切实让改良适应区得到推广优秀种羊，最终提高当地绵羊的生产性能，增加农牧民收入。

六、评价和展望

多玛绵羊是藏北高原的主要家畜品种，是当地牧民的主要生产和生活资源，由于其极强的环境适应能力，造就其许多优良的特性，备受当地群众欢迎。多玛绵羊羊毛是制作藏袍和地毯的主要原料，羊肉是牧民的生活必需品，也可提供大量商品肉。

今后，应注意对本品种进行选育，有计划选配，避免近交。多玛绵羊出栏率目前还比较低，应在有关部门的组织下，提高羊只的出栏率、羊毛品质及产量，加大优良种羊的选育和推广。

苏 格 绵 羊

扫码看品种图

苏格绵羊（Suge sheep），是西藏自治区绵羊地方遗传资源，经济类型属于肉毛兼用型。

一、一般情况

（一）中心产区及分布

苏格绵羊中心产区在山南市浪卡子县，主要分布于海拔 4 300～4 600m 之间的羊卓雍措和巴纠措附近的巴纠草场等。

（二）产区自然生态条件

浪卡子县属藏南山原湖盆宽谷区，海拔 4 570～6 100m，属亚寒带高原气候，年平均气温2.2～5.4℃，羊卓雍措位于县境中央，自然资源丰富，气候高寒。日照时间长，风、热、光资源比较丰富。县境内大风持续时间长，年平均大风日数多达 100～150d，风速达 3m/s，风力强。年平均日照时数 2 933.8h，年平均降水量 252.2mm，年无霜期 28d。

二、品种形成与变化

（一）品种形成

浪卡子县作为山南市的牧业大县，畜牧业比重大。浪卡子县海拔虽高，但是得益于羊卓雍措和普莫雍措的滋润，湖区周围广袤的湿地和草场水草丰美，是天然的优质牧场。故而在唐朝时，藏王松赞干布便用藏文命名此地为"羊卓康晴布仁底阿玉"，意思为雪域上方的牧场是易养牦牛的五部之乡，只要有村落的地方，就能见到成群的牛羊。可以看出来当时草场非常之肥美，有利于饲养牲畜。在长期的生产活动中形成了一些适合当地的优良牲畜品种，其中尤以分布在浪卡子县伦布雪乡的"棍如秋布"绵羊最为著名。

苏格绵羊是以原有"棍如秋布"绵羊为基础，于 20 世纪 60 年代开始不断选育形成的优良绵羊资源。苏格绵羊采食能力强，耐粗饲、耐严寒，对青藏高原高寒牧区的特殊自然环境和恶劣气候条件具有极强的适应能力。

（二）发展变化

近年来苏格绵羊种群数量无明显变化。2016 年统计浪卡子县伦布雪乡苏格村，苏格绵羊存栏数达 1.61 万只；2021 年统计，伦布雪乡苏格绵羊中心产区存栏数量达 1.59 万只，其中能繁母羊 0.81 万只，种公羊 0.089 万只，新生羔羊 0.45 万只。

三、品种特征和性能

（一）体型外貌特征

1. 外貌特征

苏格绵羊体格中等偏大，体质结实。公羊大多有角，少数无角，有角者绝大多数为大旋，极少数为小旋，角色以黑色居多，母羊无角。肋骨开张良好，胸深接近体高的 1/2，背腰宽平，后躯发育良好，肌肉丰满，结构匀称，四肢粗壮，尾长 10～15cm，属短尾型。苏格绵羊具有生长发育快、遗传性稳定、适应性强等特点。

2. 体重和体尺

苏格绵羊成年羊体重和体尺见表 1。

表 1　苏格绵羊成年羊体重和体尺

性别	体重（kg）	体高（cm）	体长（cm）	胸围（cm）	胸宽（cm）	管围（cm）
公	52.99±5.98	76.74±3.83	83.02±3.92	102.68±4.69	32.14±1.47	8.11±0.31
母	45.29±6.29	72.46±3.91	79.93±3.65	96.94±4.94	29.92±3.25	7.83±0.72

（二）生产性能

1. 产肉性能

苏格绵羊成年羯羊平均胴体重 20.06kg，屠宰率能达到 45.49%，净肉率达到 66.47%。具有生长发育快、产肉性能好的特点，属西藏优良地方品种之一。

2. 产毛性能

苏格绵羊平均毛长 13cm。每年 8 月 20 日至 9 月 1 日集中剪毛，成年羊平均一次性剪毛量 2.3kg。被毛多无毛辫结构，基础毛色为白色，也有黑色、褐色。羊毛柔软细腻，是制作氆氇、围裙、卡垫、地毯、毛毯、藏被等的优质原料。

3. 繁殖性能

公母羊性成熟期为 1 岁多，初配年龄为 2 岁。每年 9 月 10 日开始配种到次年的 2 月 10 日产羔，妊娠期平均约 5 个月，1 年产 1 胎，一般为单胎。母羊一生可产 5 胎左右，在自然交配情况下，公、母比为 1∶（30～50）。

四、饲养管理

苏格绵羊全年放牧饲养，采用终年划区轮牧的饲养方式，合理利用草场，防止草场退化，一般 250～300 只为一群管理。很少补饲，在每年的冬、春季节或遇到雪灾时，才对弱畜及怀胎畜进行补饲，主要以糌粑为精料，以青干草为饲草。母羊产羔期少量补饲青干草。

五、品种保护与利用情况

苏格绵羊属肉毛兼用优良地方遗传资源，具有生长发育快、遗传性稳定、适应性强等特点，具有很好的开发潜力。随着西藏羊肉市场需求进一步扩大，供需矛盾日益突出，对产肉率高、肉毛兼用的绵羊优良品种市场需求更大，而且随着西藏绵羊良种化工程的实施，对优良种羊的需求明显增加，良种处于供不应求状态。在西藏高寒地区，苏格绵羊是目前国内外其他绵羊品种所无法替代的，属于珍

贵的地方畜禽遗传资源。尚未建立保种场和保护区。

目前已注册了苏格绵羊及苏格绵羊毛商标。2019年9月24日，苏格村（苏格绵羊）入选第九批全国"一村一品"示范村镇名单。

六、评价和展望

苏格绵羊属肉毛兼用型地方资源，经过长期选育，种群得到了很好的保护和壮大，具有优良、稳定的遗传特性，使其完全能够成为高海拔地区杂交改良的优秀父本。随着西藏羊肉市场需求进一步扩大，供需矛盾日益突出，对产肉率高、肉毛兼用的绵羊优良品种需求更大。西藏绵羊良种化工程和乡村振兴的实施，对优良苏格绵羊的需求明显增加，良种处于供不应求状态。因此，保护好这一宝贵资源，进一步研究其优良肉质、毛质的生化机理和遗传机制，加大力度做好苏格绵羊提纯和选育工作，对今后西藏绵羊育种工作及农牧民增收具有重要的意义。

岗 巴 绵 羊

扫码看品种图

岗巴绵羊（Gangba sheep），又称岗巴羊，是西藏自治区绵羊地方品种之一，经济类型属于肉毛兼用型。

一、一般情况

（一）中心产区及分布

岗巴绵羊中心产区在日喀则市岗巴县，岗巴绵羊主产区和周边定结县、康马县、江孜县、白朗县、拉孜县、萨迦县等 6 个县均有分布与示范推广。

（二）产区自然生态条件

岗巴绵羊中心产区为西藏自治区岗巴县，地处喜马拉雅山中段北麓，地理位置为北纬 27°56′—28°45′、东经 88°8′—88°56′之间。属喜马拉雅高山地貌，平均海拔 4 700m 以上，属高原温带半干旱季风气候，气候寒冷、干燥，雨水稀少，日照充足，无霜期短，冬春多风。年日照时数 3 200h 以上，年平均气温－8℃，无霜期为 60d 左右；年平均降水量 300mm，集中在 7—8 月。产区植被多样，品种丰富，牧草种类有矮生嵩草和高山嵩草、矮火绒草、毛茛、龙胆、羊茅、紫花针茅、锦鸡儿、狼毒、蒲公英、紫云英、萎陵菜、金露梅、固沙草、青藏苔草、黄芪、棘豆、紫花苜蓿、披碱草等高山植物及雪莲等珍贵药用植物。

二、品种形成与变化

（一）品种形成

岗巴绵羊因生长在西藏日喀则市岗巴县故而得名，其形成距今已有 1 300 多年历史。该品种以其"肉质细嫩、味道鲜美、无膻味"的突出特点，在西藏民主改革前，曾作为历代班禅堪布会议厅的贡品，使其闻名遐迩，声誉远播。据藏文《根敦朱巴传》《扎什伦布寺简介》和《岗巴县志》记载，藏历第七"饶迥"之铁羊年（明太祖洪武二十四年，1391 年），根敦朱巴出生于后藏萨迦寺附近的霞堆盆宁赛相邻的古尔莫（即今岗巴县孔玛乡）牧场，根敦朱巴幼年时是当地古朗阿家的牧羊人，当时其所牧之羊即为今日的"岗巴羊"。

（二）发展变化

近五年，岗巴绵羊群体数量逐年减少（表 1），2020 年年底，中心产区岗巴县岗巴绵羊存栏数达到 12.97 万只。

表 1　岗巴绵羊主产区养殖规模变化

县	乡镇	数量（只）				
		2020 年	2019 年	2018 年	2017 年	2016 年
岗巴县	岗巴镇	30 230	32 254	39 333	29 952	34 267
	昌龙乡	30 692	31 568	25 491	21 262	26 784
	孔玛乡	14 789	17 465	19 950	36 510	38 972
	龙中乡	32 685	34 526	37 742	53 628	65 421
	直克乡	21 341	33 854	17 123	31 277	34 526
	合计	129 737	149 667	139 639	172 629	199 970

三、品种特征和性能

（一）体型外貌特征

1. 外貌特征

岗巴羊体型小、结构紧凑、匀称。体躯被毛多数为白色，在头部、尾部、四肢等部位分布有不规则的褐色和黑色色斑，皮肤呈黑褐色，尤其是颜面、眼圈、鼻端等处的皮肤色素沉着明显。公羊颈粗短，大多有螺旋形小角并向两侧延伸，角质多呈褐色和少数黑色；母羊基本无角，头部清秀，耳短下垂，眼眶微突，鼻梁隆起。公、母羊前胸发达，后躯丰满、发育良好，背腰平直，十字部略高，四肢较短，尾型短瘦。

2. 体重和体尺

对岗巴绵羊初生、断奶、1.5 岁（育成）、2 岁（成年）进行测量，公羊平均体重分别达到 1.92kg、10.02kg、21.57kg、30.82kg，母羊分别达到 1.84kg、9.66kg、19.20kg、27.65kg；哺乳期公羔平均日增重为 100.33g、母羔平均为 90.75g，断奶至 1.5 岁（育成）为 14 个月龄（420d），公羊平均日增重为 27.50g、母羊为 22.71g。不同年龄段岗巴绵羊体重和体尺测定结果见表 2。

表 2　岗巴绵羊生长发育情况统计

品种名称	年龄	性别	测定只数（只）	体重（kg）X±S	体高（cm）X±S	体长（cm）X±S	胸围（cm）X±S
岗巴绵羊	初生	公	360	1.92 ± 0.25	/	/	/
		母	402	1.84 ± 0.35	/	/	/
	断奶	公	345	10.02 ± 1.53	46.20 ± 4.42	43.07 ± 4.34	51.54 ± 4.58
		母	396	9.66 ± 2.19	44.30 ± 5.21	45.60 ± 4.97	51.75 ± 5.93
	育成	公	80	21.57 ± 2.05	53.68 ± 4.19	56.05 ± 4.13	60.8 ± 4.32
		母	370	19.20 ± 2.25	51.77 ± 4.42	54.93 ± 4.32	60.20 ± 3.19
	成年	公	23	30.82 ± 7.95	63.08 ± 4.31	68.38 ± 5.59	79.23 ± 6.46
		母	380	27.65 ± 3.13	60.13 ± 3.92	64.83 ± 4.41	73.95 ± 4.85

注：初生重为 24h 内称重，断奶重为 120 日龄称重，育成为 1.5 岁（18 月龄）、成年为 2 岁后初配年龄。

（二）生产性能

1. 产肉性能

（1）屠宰性能　自然放牧条件下，岗巴绵羊育成羯羊平均宰前活重为24.79kg、胴体重为10.87kg、屠宰率为43.85%、胴体净肉率为81.61%；成年绵羊羯羊平均宰前活重为34.46kg、胴体重为14.09kg、屠宰率为40.89%、胴体净肉率为80.58%（表3）。

表3　岗巴县绵羊育成羯羊屠宰试验测定

品种	年龄	数量（只）	宰前活重（kg）	胴体重（kg）	屠宰率（%）	胴体净肉率（%）
岗巴	育成	10	24.79±2.20	10.87±0.99	43.85	81.61
绵羊	成年	10	34.46±1.40	14.09±0.54	40.89	80.58

注：育成1.5岁（18月龄）、成年（2岁后初配年龄）。

（2）羊肉品质分析研究　本次营养成分检测结果显示：岗巴绵羊羊肉的水分含量为73.85%～73.86%、脂肪含量4%～4.15%、蛋白质含量21.23%～21.94%、胆固醇含量48.95～55.74mg（以100g计）。

岗巴绵羊成年羊肉中检出了16种氨基酸，每100g羊肉中总氨基酸含量（TAA）为17.73～18.51g，说明岗巴绵羊属于优质蛋白质的来源。

岗巴绵羊羊肉中饱和脂肪酸含量为45.57～48.20g（以100g计），不饱和脂肪酸在羊肉检测中显示，羊肉样品比值为（2.92～2.97）∶1，属于最佳比值范围内。

微量元素检测显示，岗巴绵羊羊肉中钙含量为4.91～5.68mg（以100g计），硒的含量为10.28～10.96mg（以100g计），岗巴绵羊肉中含钙，硒含量丰富，具有潜在的保健作用。

2. 产毛性能

岗巴绵羊成年公、母羊平均剪毛量分别为1.35kg、1.03kg，毛长分别为8.55cm、8.48cm；育成公、母羊平均剪毛量分别为0.70kg、0.64kg，毛长分别为6.43cm、5.20cm。全年剪一次毛，8月开始剪毛，该羊毛品质较粗，是制造氆氇和地毯的好原料（表4）。

表4　岗巴绵羊剪毛抽样测定结果

年龄	性别	测定只数（只）	长度（cm）	羊毛类型	油汗（%）		毛色（%）			平均毛量（kg）	备注
					1/2	1/3	S+	S−	S⁰		
成年	公	30	8.55		14	16	4	14	12	1.35	
	母	30	8.48	粗毛	11	19	2	21	7	1.03	用于地毯和
育成	公	30	6.43		8	22	0	19	11	0.70	氆氇材料
	母	30	5.20		4	26	0	16	14	0.64	

岗巴绵羊羊毛品质检测表明：岗巴绵羊成年公羊绒毛肩、侧、股三个部位平均直径为21.91μm、22.40μm、22.14μm；成年母羊绒毛肩、侧、股三个部位平均直径为22.71μm、22.28μm、22.55μm；成年公羊粗毛肩、侧、股三个部位平均直径为29.17μm、28.90μm、31.37μm；成年母羊粗毛肩、侧、股三个部位平均直径为33.95μm、31.54μm、32.06μm。

岗巴绵羊肩、侧、股三个部位的绒毛含量较高，绒毛最高分别占68.55%、64.40%、59.74%；最低分别占49.81%、50.47%、47.77%；粗毛含量较低，肩、侧、股部最高占50.19%、49.53%、52.23%。岗巴绵羊羊毛纤维卷曲弹性肩、侧、股部平均弹性值分别为3.95cm³/g、4.03cm³/g、4.02cm³/g；特定体积分别为20.87cm³/g、20.53cm³/g、20.42cm³/g，岗巴绵羊属于粗毛型。

3. 繁殖性能

岗巴绵羊母羊于（550.15±5.57）日龄开始配种，（730.16±15.81）日龄初产，妊娠期为（148.04±1.73）d。公羔性成熟体重为成年羊的 40%～50%，一般情况下繁殖季节为 10 月配种，翌年的 3 月产羔，遵循"秋配春产"规律。

四、饲养管理

在养羊生产中，养殖效益不仅取决于品种、设施条件、饲草料的供应等硬件，也决定于饲养管理软实力，养殖方式决定饲养管理方法。

岗巴绵羊以天然植被为主要饲料，本地种植的优质牧草主产燕麦草、青稞籽实及秸秆等补充饲草。饲养方式是暖季放牧，冷季则放牧加舍饲，即 5—11 月期间，每天放牧 8～10h；12 月至次年 4 月期间，放牧 4～6h/d，归牧后补青干草、精料。一般情况下，羔羊断奶日龄为 120d，断奶后的公羊不宜作种用的，一般进行去势育肥。羯羊出栏年龄 24～36 月龄，体重范围 25～35kg。

五、品种保护利用情况

岗巴绵羊是生长在青藏高原半农半牧区独有的特色畜禽遗传资源，具有无污染、肉质细嫩、味道鲜美、无膻味等特点，有巨大的开发利用价值，但因岗巴绵羊尚未开展品种保护利用，为此，近年来科研单位和当地相关部门共同努力，做到坚持"以草定畜、草畜平衡"的原则，形成良性循环的生态产业模式，其次通过岗巴绵羊本品种选育研究，不断优化繁育生产技术体系，开展了岗巴绵羊提纯复壮和微卫星标记方法遗传多样性分析工作，对岗巴绵羊地方优势特色畜禽遗传资源保护与产业开发有重要意义，也为乡村振兴产业发展奠定了坚实的基础。

六、评价和展望

岗巴绵羊形成历史悠久，是珍贵的遗传资源，也是生物多样性的重要组成部分。岗巴绵羊既是牧民赖以生存的生产生活资料，也是助力牧民致富的适宜畜种。岗巴绵羊耐粗饲，适应性强，具肉毛兼用的经济用途，又具有肉质鲜嫩、味道美、毛质粗的高原特色品质，是当地牧民极为重要的生产资料和生活来源。保护好这一宝贵资源，进一步研究其本品种选育、优良肉质、毛质的生化机理、遗传机制，有着巨大的利用潜力和广阔的利用前景，对目前及今后岗巴绵羊育种工作具有积极的意义。

阿 克 鸡

扫码看品种图

阿克鸡（AhKe Chicken），是云南省怒江傈僳族自治州福贡县地方品种之一，经济类型属于肉蛋兼用型。

一、一般情况

（一）中心产区及分布

阿克鸡原产地为云南省怒江傈僳族自治州福贡县，中心产区为福贡县马吉乡、上帕镇、子里甲乡、架科底乡、鹿马登乡、石月亮乡、匹河怒族乡，贡山县和泸水市也有少量分布。

（二）产区自然生态条件

福贡县位于北纬 26°28′—27°32′、东经 98°41′—99°02′，地处滇西北横断山脉中段碧罗雪山和高黎贡山之间的怒江峡谷。东与兰坪白族普米族自治县和维西傈僳族自治县交界，南与泸水市相连，西与缅甸接壤，北与贡山独龙族怒族自治县相邻。福贡县年平均气温 16.9℃，年平均日照时数 1 479.9h，无霜期 267d，年均降雨量 1 443.3mm。气候垂直变化显著，从南到北有南、中、北亚热带和南温带等气候类型。受印度洋季风气候和太平洋季风气候的双重影响，形成了春季和夏秋季两个雨季的独特气候环境。属高山峡谷地貌，地势北高南低，怒江由北向南纵贯全境，形成一个从北向南狭长的 V 形谷地。县内最高点在碧罗雪山的嘎拉拍山峰，海拔 4 379m，最低点在与泸水市交界处的怒江江面，海拔 1 010m，县城驻地上帕镇海拔 1 190.9m。福贡县由于特殊的地理环境，以及气候、生物、地质、地形等相互作用，使福贡土壤垂直分布明显，分别有黄棕壤土、棕壤土、暗棕壤土、棕色暗针叶林土，以及高山、亚高山灌丛草甸土。县内绝大部分为山地，境内怒江由北向南纵贯全境，除怒江干流外，还有 160 多条河流分别源于碧罗雪山和高黎贡山属怒江水系的天然河。境内山峦起伏，地貌类型复杂多样，河流小溪纵横呈网带分布，湿度达 70% 以上，是各种动植物生长的乐园。产区农作物主要有水稻、玉米、马铃薯等。

二、品种形成与变化

（一）品种形成

阿克鸡原产地云南省怒江州福贡县是傈僳族集居地，傈僳语"阿克己"是很好的意思，意为傈僳族很好的鸡，故名阿克鸡，又名傈僳阿丫（傈僳鸡）。

福贡县养鸡历史悠久，虽然傈僳族的文字出现较晚，但傈僳族的养鸡传统在他们日常生活、风俗、信仰和饮食中均有所体现。明朝《景泰云南图经志书》（1454 年）卷之四和清朝乾隆八年（1743年）《丽江府志略》均明确记载傈僳族在狩猎前有用鸡祭祀猎神的习俗。《纂修云南上帕沿边志》（1931 年）记载，"怒傈有病向无医药，素信祭鬼。初则用鸡猪，不愈，则以牛祭。"福贡县在新中国成立前每年平均用于祭鬼的鸡不少于一万只。

傈僳族有吃漆油鸡和"吓拉"（漆油鸡用酒煮）的传统，故每家都留数只母鸡和一只公鸡作为鸡种，当地有一种说法："阿里吓里丫玛丫施神嘛哪"，意思是怎么穷也不能绝了鸡种。这是因生活中离

不开鸡，离不开漆油鸡之故。乾隆八年（1743年）《丽江府志略》收录的诗中有云"鸡鸣夜将旦"，可见那时当地就有养鸡传统。

正是源于产区素有用当地阿克鸡煮制的漆油鸡招待贵客及馈赠亲友的习惯，以及独特的生态环境、饮食文化和宗教信仰，加上产区交通极其不便，人烟稀少，长期无外来鸡种引入，经当地人民长期人工选择，自繁自养逐渐形成了适应当地气候环境、外貌独特的阿克鸡遗传资源。

（二）发展变化

福贡县阿克鸡是经当地人民长期人工选择逐渐形成的适应当地气候环境、外貌独特、生产性能良好的地方品种。目前为阿克鸡开发阶段，当前的主要措施是保种与扩繁，2020年，境内阿克鸡存栏总数10 100只，母鸡5 972只，公鸡1 024只，雏鸡3 104只，种用公母比例为1∶8，本交占配种数量的100%。该品种在福贡县常年存栏总数在1万只以上，中心产区马吉乡约有5 000只，其他乡镇零星分布合计5 000只以上，近年因阿克鸡独特的外貌和优良的肉质而受到追捧，鸡价一路攀升，这也提升了农户养殖的积极性，养殖量有所增加。

三、品种特征和性能

（一）体型外貌特征

1. 外貌特征

阿克鸡体躯宽深，头昂尾翘，背呈马鞍形。单冠居多，少数复冠，冠和肉髯呈红色，耳叶呈红色。喙短粗，微弯，多呈黑色。虹彩多呈金黄色。80%～90%的鸡头顶部有羽毛，但颈部无羽毛，或有少量羽毛，裸露皮肤呈红色。公鸡羽色以红黑为主，背、肩羽呈红色，鞍羽呈红色或金黄色，主翼羽呈黑色或黑红相间，尾羽黑色，胸部羽毛多呈黑色，少数红色或红黑相间，腹部羽毛多呈黑色，少数黄色。母鸡冠小而薄，大部分为倒冠。母鸡以麻羽居多，少数黑羽、雪花羽、白羽、芦花羽。雏鸡绒毛呈黄色、黑色或白色，部分黄羽鸡背部有黑线脊。

2. 体重和体尺

2018年7月11日由省、州、县组成的畜禽遗传资源调查专家组在福贡县鹿马登乡赤恒底村随机选择农户散养的300日龄公、母鸡各20只分别进行体重和体尺测量。结果见表1。

表1 阿克鸡成年体重和体尺

性别	体重(g)	体斜长(cm)	胸宽(cm)	胸深(cm)	龙骨长(cm)	骨盆宽(cm)	胫长(cm)	胫围(cm)
公	1 771±178	21.6±1.8	8.1±1.0	12.5±1.1	11.6±0.9	5.5±0.9	8.8±0.7	4.7±0.3
母	1 517±160	20.3±1.1	7.7±0.9	12.0±1.3	10.8±1.2	6.2±0.7	7.6±0.5	4.1±0.4

（二）生产性能

1. 生长性能

2018年1—4月由福贡县阿克种鸡有限公司对100只阿克鸡不同日龄阶段生长发育体重进行测定，结果见表2。

表 2　阿克鸡生长期不同阶段体重

(单位：g)

性别	初生	2 周龄	4 周龄	6 周龄	8 周龄	10 周龄	12 周龄	14 周龄
公	33±3	91±10	258±26	453±44	648±70	863±95	1 124±101	1 415±141
母	33±3	85±9	218±21	403±41	603±58	794±83	1 044±99	1 232±123

2. 屠宰性能

2018 年 7 月 11 日，由省、州、县组成的畜禽遗传资源调查专家组在福贡县鹿马登乡赤恒底村对 300 日龄的公、母鸡各 20 只进行屠宰测定。结果见表 3。

表 3　阿克鸡屠宰性能

性别	宰前活重(g)	屠宰率(%)	半净膛率(%)	全净膛率(%)	腿肌率(%)	胸肌率(%)	腹脂率(%)
公	1 771±178	91.3±0.6	84.30±1.1	71.1±3.5	28.8±1.5	17.0±1.4	1.7±1.2
母	1 517±160	92.7±1.4	81.99±1.9	67.9±4.3	24.5±3.3	15.9±3.3	6.2±2.3

3. 肉品质

2018 年 12 月由云南省畜牧兽医科学院对屠宰测定中采集的 40 份（公鸡 20 份、母鸡 20 份）300 日龄胸肌样品进行肉品质检测。结果见表 4。

表 4　阿克鸡肉品质测定结果

性别	剪切力（N）	滴水损失（%）	pH
公	43.41	24.61	5.95
母	44.79	24.23	6.01

4. 繁殖性能

阿克鸡 5％开产日龄为 180～240d，年产蛋数 40～45 个，年孵化 4～5 窝，每窝 10 个左右，平均蛋重 48g，蛋壳粉色。种蛋受精率 85％～90％，受精蛋孵化率 83％～88％，母鸡就巢性强，就巢率约 90％。

四、饲养管理

阿克鸡无特殊饲养管理方法，主要是野外放养。该品种对生存环境条件适应性强，抵抗疾病能力较强，一般早晚各喂一次玉米粒。雏鸡孵化前两三天母鸡一般很少出来，需抱出来单独喂食。雏鸡孵化时，母鸡一般一两天才出来一次，所以，喂料要注意一些。雏鸡孵化后需要与母鸡关两天左右才放出去。雏鸡阶段喂碎玉米或熟米饭、荞米等。

五、品种保护利用情况

1. 资源保护和利用现状

阿克鸡一直处于农户自繁自养状态，养殖规模相对较小。当地畜牧主管部门为了保护该资源，在福贡县子里甲乡建立了阿克鸡保种场，拟采取家系选择与个体选择相结合的方式进行提纯复壮，重点针对阿克鸡的品种特性进行整理，提高生产性能和整齐度。

2. 资源保护和利用计划制订

制定阿克鸡品种地方标准，并颁布实施；制订阿克鸡品种饲养管理技术规程；启动阿克鸡地理标志产品保护申报工作。在阿克鸡主产区建立保种群和繁育基地，注重本品种选育，通过本品种选育提高阿克鸡肉用性能和繁殖性能，为产业化开发提供货源。推动以阿克鸡为原料具有傈僳特色的漆油鸡的开发与生产，将其打造成怒江知名品牌的特产。

六、评价和展望

阿克鸡主要是野外放养，对各种自然环境条件适应性强，抗病力强。具有肉质好、耐粗饲、外貌特征明显，兼具观赏性等特性。但也存在饲养周期较长、繁殖性能较低等缺点。阿克鸡是在福贡山区独特的自然环境与生产条件下，经当地人民长期选择而形成的地方品种。对当地环境气候有着很好的适应性，适合在本地及周边地区推广。将阿克鸡进行系统选育提高，挖掘其生产潜力，以漆油鸡为推手，以裸颈为品种标识，进行开发利用，可以发展成福贡乃至怒江的地方特色经济。

奉 化 水 鸭

扫码看品种图

奉化水鸭（Fenghua mallard）（又名奉化野鸭），是浙江省宁波市地方品种之一，经济类型属于蛋肉兼用型品种。

一、一般情况

（一）中心产区及分布

奉化水鸭原产地为浙江省宁波市，中心产区为奉化区，主要分布于尚田、溪口、松岙、大堰等乡镇，以及周边的鄞州区、宁海县、象山县和镇海区。

（二）产区自然生态条件

奉化区位于北纬 29°24′—29°47′、东经 121°03′—121°46′，地处浙江省东部沿海，宁波市区南面。东濒象山港，隔港与象山县相望，南连宁海县，西接新昌县、嵊州市和余姚市，北与鄞州区相交。东西长 70.5km，南北宽 42km，陆地面积 1 268km²，海域面积 96km²，海岸线长 61km，岛屿 24 个。该区年平均气温 16.3℃，年平均日照时数 1 850h，年均降水量 1 350～1 600mm，四季分明，雨量充沛，气候温和，无霜期长，日照充足，属亚热带季风性气候，自然环境温和湿润，对奉化水鸭生长繁育非常有利。

二、品种形成与变化

（一）品种形成

奉化饲养和消费鸭的历史悠久，奉化著名景点徐凫岩是雪窦山最高的一个自然瀑布，对徐凫岩的传说有很多，凫是一种水鸟，俗名野鸭子；徐指"慢慢地"，鸭子慢慢地飞来。南宋著名词人陈著（奉化人，字子微，号本堂，公元 1214—1297 年，宝祐四年进士）游览了徐凫岩后在《徐凫蛟瀑》写道："一流瀑泻九重天，长挂如虹引洞仙；岩壁凫飞延岁月，石梁龙滚起云烟。满山药味增新色，夹岸桃花胜旧年"。

北宋年间（公元 1021 年），奉化连年大旱、大蝗灾，平素生活简朴、勤政为民的奉化县令萧世显为此奔走田间，以致劳顿过度而暴瘁于途。民感其恩，在他的殉职处建庙以示纪念，后形成庙会，并成为奉化区一个大集镇的名称，迄今已有千余年的历史。庙会整个祭祀期间，供品为全猪、全羊、七牲（猪头、羊头、鹅、鸭、鱼、寿面、馒头），可见鸭子在当地百姓日常生活中必不可少。明成化三年的《宁波郡志》和明嘉靖三十九年的《宁波府志》中均有记载到凫，即水鸭（野鸭）。清同治十三年的《鄞县志》中记载，"凫即今之野鸭，江湖水泊多有之"。《镇海县志》中也有类似记载，"凫即今所谓水鸭也，大小如鸭青色短喙，江湖水泊多有之"。

奉化是鱼米之乡，千百年来，这里丰盛的鱼虾、水草把前来越冬的水鸭个个喂得膘肥体壮，当地老百姓在近海港湾捕鱼捉虾，熟知水鸭习性，因此抓捕野生水鸭食用，多余的留下来养殖，用来换取油盐酱醋等补贴家用，因此，慢慢通过选择产蛋量高的水鸭留种，提高了水鸭的生产性能和驯化程度，逐步形成了奉化水鸭的特色。

（二）发展变化

奉化水鸭，开始是由当地老百姓在近海港湾抓捕食用，多余的留下来养殖，少则几十只，多则上百只，主要是满足自家饮食需求，同时在当时可以换取油盐酱醋等食品，饲养总量在 5 000 余只。自 20 世纪以来，诸如其他野鸭品种（绿头野鸭、西湖野鸭）等性能的提高，生产性能和驯化程度低的奉化水鸭数量锐减，饲养量在 500 余只。自 2008 年开始，宁波市奉化区奥纪农业科技有限公司在奉化各乡镇走村串户收购水鸭，以及在近海港湾抓捕水鸭，收集 300 余只。同年，与浙江省农业科学院合作，在收集原始素材的基础上，开展群体继代提纯复壮，扩繁种群数量。经过 10 年的提纯复壮和资源保护，奉化水鸭性能更为稳定。申请单位现有奉化水鸭种鸭繁育扩繁育群 6 000 羽，同时建立了保种群，保种群公鸭 60 只，母鸭 360 只。

三、品种特征和性能

（一）体型外貌特征

1. 外貌特征

奉化水鸭体型较小，野性强，翅膀强健，飞翔能力强，能从陆地飞起，也能从水面直接飞起。奉化水鸭公鸭体型外貌与绿头野鸭相似，嘴褐色或青褐色，少数黄色；头和颈暗绿色带金属光泽，颈下有白色环纹与栗色的胸部相分隔；翼羽暗蓝或紫色，前后镶以黑边，其中又有一白色带；初级飞羽 10 枚，三级飞羽 5 枚，初级（大）覆羽 9 枚，大覆羽 17 枚，初级（中）覆羽 9 枚，中覆羽 17 枚，呈棕灰色带灰色斑纹，次级飞羽 13 枚，为暗蓝色。成年母鸭以麻色为主，深于家鸭，体型较绿头野鸭和家鸭小，颈下无白环，喙较短，呈褐色，且尖端有弯曲；颏、喉淡黄色；背部及翅黑褐色，有黄色羽缘及 V 形斑；有大小不等的圆形白麻花纹；初级飞羽 10 枚，三级飞羽 5 枚，初级（大）覆羽 9 枚，大覆羽 12 枚，初级（中）覆羽 9 枚，中覆羽 15 枚，呈淡棕色，次级飞羽 13 枚，为深蓝色，其前后有白色镶边；腿、脚橙黄色，尾毛与家鸭相似，但羽毛亮而紧凑。

2. 体重和体尺

奉化水鸭成年鸭体重和体尺见表 1。

表 1　奉化水鸭成年鸭体重和体尺

性别	体重（g）	骨盆宽（cm）	胫长（cm）	胫围（cm）	体斜长（cm）	龙骨长（cm）	半潜水长（cm）
公	1 089.1±151.06	4.485±0.28	4.426±0.23	2.908±0.21	18.895±1.02	11.495±0.87	46.86±2.34
母	1 158.4±229.67	4.670±0.36	4.395±0.25	2.915±0.34	18.190±0.75	10.435±0.40	43.16±2.13

（二）生产性能

1. 产肉性能

奉化水鸭成年鸭屠宰性能见表 2，成年鸭肉品质见表 3。

表 2　奉化水鸭成年鸭屠宰性能

性别	宰前活重（g）	屠体重（g）	屠宰率（%）	半净膛重（g）	半净膛率（%）	全净膛重（g）	全净膛率（%）	腹脂率（%）	胸肌率（%）	腿肌率（%）
公	1 089.1±151.06	1 002.8±139.52	92.08±1.48	888.45±111.59	81.58±2.85	808.9±106.58	74.27±2.47	0.67±0.75	19.97±2.72	9.11±1.73

(续)

性别	宰前活重（g）	屠体重（g）	屠宰率（%）	半净膛重（g）	半净膛率（%）	全净膛重（g）	全净膛率（%）	腹脂率（%）	胸肌率（%）	腿肌率（%）
母	1 158.4± 229.67	1 061.2± 218.16	91.61± 1.60	883.5± 136.17	76.27± 6.24	786.5± 112.82	67.90± 6.87	0.62± 0.63	20.11± 4.78	9.65± 1.52

表 3　奉化水鸭成年鸭肉品质

性别	pH	剪切力（N）	系水力（%）	亮度 L 值	红度 a 值	黄度 b 值
公	5.92±0.14	14.80±1.04	38.09±10.91	31.16±2.60	18.45±2.50	3.48±1.53
母	5.84±0.12	12.74±0.47	38.40±9.07	31.85±2.78	18.68±1.73	2.50±1.19

2. 蛋品质性能

奉化水鸭蛋品质测定结果见表 4。

表 4　奉化水鸭蛋品质测定结果

蛋品质指标	数据
蛋壳颜色	枯草黄色
蛋重（g）	59.96±6.15
蛋形指数	1.45±0.06
蛋壳厚度（mm）	0.272±0.03
蛋壳强度（kg·f）	38.57±7.87
蛋白高度（mm）	5.62±1.13
蛋黄色泽	12.28±0.71
蛋黄比例	0.33±0.02
哈氏单位	73.09±10.21

3. 繁殖性能

奉化水鸭产蛋性能统计结果见表 5。

表 5　奉化水鸭产蛋性能

产蛋率（%）	料蛋比	日产蛋重（g）	平均蛋重（g）
26.6±2.9	5.25±1.27	15.80±2.69	59.90±2.92

四、饲养管理

（一）育雏期的饲养管理

鸭舍内温度 1～3 日龄应保持 28～30℃；4～7 日龄应保持 25～28℃；8～14 日龄应保持 22～25℃；15～30 日龄应保持 20～22℃。舍内温度应逐渐降低，昼夜温差≤2℃。加强通风换气，勤换垫料、勤出粪便，保持鸭舍干燥，舍内相对湿度控制在 65%～75%。1 周龄内每平方米饲养 25～30 只；1～2 周龄每平方米饲养 20～25 只；2～3 周龄每平方米饲养 15～20 只；3 周龄以后视水鸭生长发育情况逐步降低饲养密度。每群以 100～150 只为宜。雏鸭出壳后 24～36h 第一次饮水，冬季水温要求在 20～25℃，其他季节常温，水中添加 0.01% 的维生素或 5% 葡萄糖水。饮水应清洁、充足，水质应符合 NY 5027 的要求。初饮后 0.5～1h 开食，用全价小颗粒料。饲喂要少量多次，白天喂料 4～5 次，晚上喂料 1～2 次。每次喂料前先饮水，投料量以 1h 内吃完为好。雏鸭初饮后放入水盆水浴，每天水浴 2～3 次，每次 3～10min。水盆内的水应每次更换，水温保持 15～25℃；脱温后，改为水上运动场水浴，每天水浴 2～3 次，每次 10～15min。水质应符合 NY 5027 的要求。选择容易消化、适口性好、便于啄食的全价颗粒状饲料，粗蛋白含量 20％～22％，代谢能 11.5～12.7MJ/kg，钙、磷含量分别为 0.9％和 0.5％。品质应符合 GB 13078 和 NY 5032 的要求（以下同）。

（二）育肥期的饲养管理

育肥期应适应水鸭的特性，给予充足的运动空间，扩大水、陆运动场面积，同时在运动场周围设围网，以防水鸭飞逃，围网高度要求 2m 以上。应保证充足饮水，保持水池清洁。水池里的水每 3～7d 换一次，夏季更应勤换水。饲料要求营养全面、品种多样、适合水鸭食性，含粗蛋白 14％～18％，代谢能 11.5MJ/kg，钙 1.2％、磷 0.6％。饲喂应定时、定量，每天喂 2～3 次，每次 25～50g/只。每平方米饲养 6～8 只。每群以 500 只左右为宜。

（三）种鸭的饲养管理

后备种鸭的饲养管理（60～150 日龄）：奉化水鸭 60 日龄，外貌特征和体重应符合本品种要求，健康、无缺陷；复选：130 日龄，外貌特征应符合本品种要求，公鸭体重（1 000±100）g，母鸭体重（900±100）g。60～130 日龄应限制饲养，饲料中粗蛋白含量从 16％～18％逐渐降至 12％，代谢能从 11.5MJ/kg 逐渐降至 10.5～10.9MJ/kg，130 日龄后蛋白质含量逐渐恢复至 16％～18％，代谢能恢复至 11.1MJ/kg。130 日龄时，水鸭公母鸭按 1：6 合群，至产蛋期结束。

种鸭产蛋期的饲养管理：产蛋期饲料要求含粗蛋白 18％～20％，代谢能 11.1～11.5MJ/kg，钙和磷分别为 3％～4％和 0.6％～0.8％，根据产蛋情况及季节变化做适当调整。开产后光照时间逐渐增加到 16h，早晚补充光照各 2～3h。选用功率为 25～40W 的白炽灯，悬吊高度离地 2m 以上。光照强度 10～15lx。保持安静；密切注意天气变化，以防应激；避免其他动物的干扰。

五、品种保护利用情况

奉化区奥纪农业科技有限公司从 2008 年开始，在奉化各乡镇走村串户收购奉化水鸭。同时，联合浙江省农业科学院，在原始育种素材的基础上，开展群体继代提纯复壮，扩繁种群数量。从 2008 年开始，公司新建标准化种鸭舍 5 栋，商品生产鸭舍 6 栋，拥有个体小间 100 个，配套设施完善。经过 10 年的提纯复壮和资源保护，性能更为稳定。申请单位现有奉化水鸭扩繁育群 6 000 羽，同时建立了保种群，保种群公鸭 60 只，母鸭 360 只。

六、评价和展望

奉化水鸭属蛋肉兼用型的鸭品种，具有觅食力强、肉质好、蛋品质好等特点。奉化水鸭是在奉化近海地区独特的生态环境与消费习惯下，经当地人民长期选择而形成的地方遗传资源。随着人们生活水平的提高，对鸭肉及鸭蛋品质的要求越来越高，白羽肉鸭尚不能满足消费者的需求，肉质鲜美、蛋营养丰富的奉化水鸭必将受到消费者的喜爱。将奉化水鸭进行系统整理和提纯，挖掘其生产潜力，发挥其肉蛋优良特性，以水鸭肉、鲜鸭蛋和咸鸭蛋等加工为载体，进行开发利用，可以发展成奉化乃至宁波的地方特色经济。

图书在版编目（CIP）数据

2021年畜禽新品种配套系和畜禽遗传资源 / 全国畜
牧总站组编 . —北京：中国农业出版社，2023.6
ISBN 978-7-109-30836-7

Ⅰ.①2… Ⅱ.①全… Ⅲ.①畜禽－品种－中国②畜
禽－种质资源－中国 Ⅳ.①S813.9

中国国家版本馆CIP数据核字（2023）第118628号

2021 NIAN CHUQIN XINPINZHONG PEITAOXI HE CHUQIN YICHUAN ZIYUAN

中国农业出版社出版
地址：北京市朝阳区麦子店街18号楼
邮编：100125
责任编辑：张艳晶
版式设计：王　晨　　责任校对：史鑫宇
印刷：中农印务有限公司
版次：2023年6月第1版
印次：2023年6月北京第1次印刷
发行：新华书店北京发行所
开本：880mm×1230mm　1/16
印张：9.25
字数：295千字
定价：65.00元